Diagnostic des Transformateurs de Puissances

Mohamed Boughal

Diagnostic des Transformateurs de Puissances

Établissement d'outils pour l'interprétation des méthodes FRA et TANδ d'inspection des transformateurs de puissances

Presses Académiques Francophones

Impressum / Mentions légales

Bibliografische Information der Deutschen Nationalbibliothek: Die Deutsche Nationalbibliothek verzeichnet diese Publikation in der Deutschen Nationalbibliografie; detaillierte bibliografische Daten sind im Internet über http://dnb.d-nb.de abrufbar.
Alle in diesem Buch genannten Marken und Produktnamen unterliegen warenzeichen-, marken- oder patentrechtlichem Schutz bzw. sind Warenzeichen oder eingetragene Warenzeichen der jeweiligen Inhaber. Die Wiedergabe von Marken, Produktnamen, Gebrauchsnamen, Handelsnamen, Warenbezeichnungen u.s.w. in diesem Werk berechtigt auch ohne besondere Kennzeichnung nicht zu der Annahme, dass solche Namen im Sinne der Warenzeichen- und Markenschutzgesetzgebung als frei zu betrachten wären und daher von jedermann benutzt werden dürften.

Information bibliographique publiée par la Deutsche Nationalbibliothek: La Deutsche Nationalbibliothek inscrit cette publication à la Deutsche Nationalbibliografie; des données bibliographiques détaillées sont disponibles sur internet à l'adresse http://dnb.d-nb.de.
Toutes marques et noms de produits mentionnés dans ce livre demeurent sous la protection des marques, des marques déposées et des brevets, et sont des marques ou des marques déposées de leurs détenteurs respectifs. L'utilisation des marques, noms de produits, noms communs, noms commerciaux, descriptions de produits, etc, même sans qu'ils soient mentionnés de façon particulière dans ce livre ne signifie en aucune façon que ces noms peuvent être utilisés sans restriction à l'égard de la législation pour la protection des marques et des marques déposées et pourraient donc être utilisés par quiconque.

Coverbild / Photo de couverture: www.ingimage.com

Verlag / Editeur:
Presses Académiques Francophones
ist ein Imprint der / est une marque déposée de
OmniScriptum GmbH & Co. KG
Heinrich-Böcking-Str. 6-8, 66121 Saarbrücken, Deutschland / Allemagne
Email: info@presses-academiques.com

Herstellung: siehe letzte Seite /
Impression: voir la dernière page
ISBN: 978-3-8381-7472-3

UNIVERSITE MOHAMMED V AGDAL
ECOLE MOHAMMADIA D'INGENIEURS

Département : Génie Electrique
Section : Electrotechnique & Electronique de Puissance

Mémoire de Projet de Fin d'Etudes

Sous le thème :

ETABLISSEMENT D'OUTILS POUR L'INTERPRETATION DES
METHODES FRA ET TANδ D'INSPECTION DES
TRANSFORMATEURS DE PUISSANCES

Réalisé par :

M. Mohamed BOUGHAL

Pour l'obtention du diplôme d'Ingénieur d'Etat

RABAT- MAROC

Année Universitaire : 2011/201

DEDICACES

A la mémoire de mon père
A celui qui m'a indiqué la bonne voie en me rappelant que la volonté fait toujours les grands hommes.

A ma chère mère
A celle qui a attendu avec patience les fruits de sa bonne Education.

A mes chères sœurs
Votre amour et votre compréhension m'ont apporté le grand aide et le grand soutien pour la réalisation de mon projet.

A tous mes amis (es)
Pour les liens forts d'amitié qui nous unissent et les meilleurs moments que nous avons passé ensemble.

A mes formateurs
Pour l'effort qu'ils ont déployé durant la période de notre formation au sein de l'EMI.

A mes encadrants
Pour leurs efforts déployés, pour leur assistance ainsi que pour leur encadrement et la confiance qu'ils m'ont témoignée.

A tous le personnel de l'ONNE
Je dédie ce travail pour eux aussi, et qu'ils acceptent d'agréer l'expression de mon respect le plus distingué.

Je dédie mon travail...
Mohamed BOUGHAL

REMERCIEMENTS

Avant tout je tiens à remercier M. *Abdelaziz DOUKHAMA* le directeur régional de l'ONEE OFFICE NATIONAL DE L'ELECTRICITE ET DE L'EAU POTABLE et M. *Rachid SALAME* chef de division technique qui m'ont encouragé pour publier ce travail et le mettre au service des industriels sous forme d'un livre scientifique.

Je tiens à remercier également *M. Mohamed CHAKER* le directeur *d'ALSTOM Grid MSC*, de m'avoir donné la chance d'effectuer mon Projet de fin d'études au sein de leur organisme, et de m'accorder cette opportunité pour faire de mon stage une vraie expérience professionnelle.

Au terme de mon projet de fin d'étude, il m'est particulièrement agréable d'exprimer mes sincères remerciements pour mes parrains industriels *M. Hassan SOUDASSI* et M. *Abderrazak BARNICHA* pour leur patience, leur disponibilité et surtout leurs judicieux conseils, qui ont contribué à alimenter ma réflexion.

J'exprime ma profonde gratitude à *M. Driss BOUAMI*, Directeur de l'*EMI*, *M. Mohammed TAHIRI*, Directeur Adjoint, ainsi que tout le cadre administratif et professoral pour leurs efforts considérables.

J'adresse aussi mes sincères considérations, à mon encadrant *M. Mohammed SIDKI* pour ses directives précieuses et ses conseils pertinents qui m'ont été d'un appui considérable, et mes professeurs de l'EMI pour la richesse des enseignements et des échanges tout au long de ma période de scolarité.

Je tiens à remercier également *M. Younes TABTOUB, M. Sami LAJHER* pour leur énergie et leur sympathie pendant tout le déroulement de mon projet. Ainsi que l'ensemble du personnel d'*'ALSTOM Grid Maroc*, pour leur serviabilité, leur accueil et leur soutien.

Je formule mes sincères remerciements à l'égard de PAF Presses Académiques Francophones, de m'avoir donné la chance de publier mon travail.

Mes remerciements les plus sincères à toutes les personnes qui auront contribué de près ou de loin à l'élaboration de ce livre, et à la réussite de cette formidable expérience professionnelle.

RESUME

Un transformateur de puissance subit une dégradation avec le temps. Comme ce sont des appareils extrêmement coûteux, il est beaucoup moins onéreux de procéder à des analyses et maintenances régulières comparativement à ce que coûte une interruption de l'approvisionnement d'énergie électrique suite à une défaillance d'un transformateur.

L'objectif de ce travail est de réaliser une étude des différentes méthodes conventionnelles de diagnostic des transformateurs de puissance, et aussi d'établir des outils pour l'interprétation des méthodes FRA «Frequency Response Analysis» et TANδ qui sont encore au stade de la recherche.

Ce travail présente une étude théorique et académique enrichi par des simulations à l'aide du logiciel Power Sim (PSIM), ainsi qu'une étude expérimentale à travers des interventions et des essais réels effectués chez un industriel. De ce fait, ce livre est considéré comme une référence et un Benchmark pour la maintenance et le diagnostic des transformateurs de puissance.

ABSTRACT

A power transformer degrades with time. As devices are extremely expensive, it is much cheaper to make analyzes and regular maintenance costs compared to what an interruption of electricity supply following a transformer failure.

The aim of this work is a study of various conventional methods of diagnosis of power transformer, and also to establish tools for interpreting the FRA and TANδ methods that are still under research.

This work presents a theoretical and academic study enriched by simulations using the Power Sim software (PSIM), and an experimental study through interventions and real tests. Therefore, this book is considered a reference and benchmark for maintenance and diagnosis of power transformers.

TABLE DE MATIERES

TABLE DE MATIERES

TABLE DE MATIERES

TABLE DE MATIERES

LISTE DES FIGURES

LISTE DES FIGURES

LISTE DES FIGURES

LISTE DES TABLEAUX

LISTE DES ACRONYMES

GIS	*GAS INSULATION SYSTEM*
CCHT	*COURANT CONTINU A HAUTE TENSION*
S.A.C.M	*SOCIETE ALSACIENNE DE LA CONSTRUCTION MECANIQUE*
C.F.T.H	*COMPAGNIE FRANÇAISE THOMSON HOUSTON*
T&D	*TRANSMISSION ET DISTRIBUTION*
MSC	*MAROC SERVICE CASABLANCA*
DP	*DECHARGE PARTIELLE*
PPM	*PARTIE PAR MILLION*
PCB	*POLYCHLOROBIPHENYLES (PYRALENE)*
IP	*INDICE DE POLARISATION*
HT	*HAUTE TENSION*
BT	*BASSE TENSION*
PF	*POWER FACTOR*
HV	*HIGH VOLTAGE*
LV	*LOW VOLTAGE*
DFR	*DIELECTRIC FREQUENCY RESPONSE*
SFRA	*SWEEP FREQUENCY RESPONSE ANALYSIS*
OIP	*OIL IMPREGNATED PAPER*
RIP	*RESIN IMPREGNATED PAPER*
ONAF	*OIL NATURAL AIR FORCED*
DPV	*DEGREES OF POLYMERIZATION VISCO-SYMÉTRIQUE*
HAP	*HYDROCARBURES AROMATIQUES POLYCYCLIQUES*
JLEC	*JORF LASFAR ELECTRICAL COMPANY*

INTRODUCTION GENERALE

INTRODUCTION GENERALE

Un transformateur électrique est un convertisseur permettant de modifier les valeurs de tension et d'intensité du courant délivré par une source d'énergie électrique alternative, en un système de tension et de courant de valeurs différentes, mais de même fréquence et de même forme. Il effectue cette transformation avec un excellent rendement à fin de transporter l'énergie électrique avec le moins de pertes possible.

Les transformateurs de puissance sont des composants critiques. La perte d'un transformateur entraine de lourdes pertes d'exploitation, et il est rare d'avoir des transformateurs disponibles en secours.

Bien que leur durée de vie excède souvent les 30 ans, des défaillances peuvent survenir en fonction des conditions d'exploitation, d'où la nécessité d'un diagnostic qui permet la détection d'un état anormal ou d'un mauvais comportement du transformateur, et il peut être effectué en service ou hors service.

Les signaux mesurables tels que la tension, le courant, la température ou les vibrations peuvent fournir des informations significatives sur les défauts. A la base de ces paramètres, des méthodes décisionnelles ont été mises en place à fin de concevoir des systèmes de diagnostic performants.

Le projet de fin d'études s'intitulant ainsi :

ETABLISSEMENT D'OUTILS D'INTERPRETATION DES METHODES FRA ET TANδ D'INSPECTION DES TRANSFORMATEURS DE PUISSANCES

A comme principaux objectifs :

➤ Détailler les contraintes et les différentes méthodes de diagnostic des transformateurs.
➤ Etablir un outil d'interprétation des résultats de l'essai Tanδ
➤ Etudier théoriquement la méthode de diagnostic basée sur l'analyse de la réponse fréquentielle FRA (Fréquence Response Analysis).
➤ Etablir et simuler un modèle physique du transformateur.
➤ Simuler des défauts sur le modèle et discuter les résultats obtenus.
➤ Etablir un outil d'interprétation des résultats de l'essai FRA
➤ Appliquer les différentes méthodes de diagnostic au transformateur de l'industriel JLEC

Le mémoire de ce projet de fin d'étude est organisé en cinq parties :

INTRODUCTION GENERALE

- La première partie : donne une présentation de l'organisme d'accueil : Alstom Grid Maroc, ses missions et son organisation.

- La deuxième partie : introduit une étude bibliographique sur le transformateur, ses contraintes et aussi sur ses méthodes de diagnostic.

- La troisième partie : est consacrée à l'outil d'interprétation des résultats de l'essai tanδ.

- La quatrième partie : est consacrée à l'outil d'interprétation des résultats de la FRA.

- La cinquième partie : présente l'étude de cas d'un transformateur de puissance à la centrale électrique JLEC sur lequel nous avons réalisé les différents essais de diagnostic. Elle présente aussi le cas d'un projet d'installation de trois transformateurs 100 MVA pour un client industriel.

- Ce mémoire se termine par une conclusion générale résumant l'essentiel du projet.

PARTIE I :
PRESENTATION DE L'ORGANISME D'ACCUEIL
ALSTOM GRID MAROC

Nom de la Société : Groupe Alstom.

Forme juridique : Société Anonyme.

Logo :   **ALSTOM**

1. Secteurs d'activités

1.1 Secteur Power

Offre une gamme complète de solutions pour la production d'électricité à partir de tout type de ressource : eau, vent, énergie fossile, nucléaire ou géothermique, biomasse.

- Power Systems:

La gamme de solutions va de l'installation de centrales électriques intégrées à la fourniture de tous types de turbines, d'alternateurs, de chaudières et de systèmes de contrôle des émissions.

- Power services

Il propose également un ensemble de services couvrant notamment la modernisation, la maintenance et l'assistance à l'exploitation des centrales:

- ✓ La gestion de centrales : contrats de service sur mesure, notamment pour l'exploitation et la maintenance des centrales pendant tout leur cycle de vie.
- ✓ Le conseil et l'assistance : services techniques, formation, surveillance et diagnostic, analyse des performances.
- ✓ Alstom possède également une longue expérience dans le domaine de la réhabilitation de centrales existantes, un savoir-faire précieux à l'heure où les centrales installées dans le monde vieillissent et où elles doivent respecter des réglementations environnementales de plus en plus strictes.
- ✓ Les services sur site : gestion des arrêts de tranche, réparations sur site, montage, mise en service, construction et supervision.

1.2 Secteur Transport

Le Secteur Transport fournit, partout dans le monde, des équipements, des systèmes et des services ferroviaires pour les transports urbains, régionaux et grandes lignes, ainsi que pour le transport de fret. Alstom conçoit, met au point, fabrique, met en service et entretient les matériels roulants correspondants.

- Trains :

L'offre d'Alstom couvre tous les types de véhicules ferroviaires pour le transport de passagers, des tramways aux trains à très grande vitesse.

Alstom propose des locomotives, des systèmes de signalisation embarquée, des pièces détachées, ainsi que des services de maintenance.

- Infrastructures (voie et électrification) :

L'offre de produits et services infrastructures d'Alstom est destinée à la fois aux transports urbains et aux réseaux de grandes lignes ; elle couvre les activités suivantes :

- Conception et construction de lignes nouvelles
- Conception et construction d'extensions de lignes existantes
- Modernisation de lignes existantes

- Systèmes de contrôle du trafic ferroviaire (signalisation et systèmes d'information) :

Sur le segment des grandes lignes, le secteur offre une large gamme de produits, organisée autour de plusieurs centres d'excellence :

- ✓ systèmes de contrôle et supervision des trains et modules électroniques à Villeurbanne (France) ;
- ✓ systèmes d'enclenchement et équipements de voie à Bologne (Italie) ;
- ✓ centres intégrés de contrôle et de sécurité et solutions de transport urbain à Saint-Ouen (France) ;
- ✓ solutions de transport grandes lignes à Charleroi (Belgique) ;
- ✓ solutions de transport fret à São Paulo (Brésil).

1.3 Secteur Grid

Spécialisé dans la fabrication des équipements et prestataire de services de transmission d'électricité.

- Il est l'un des trois principaux acteurs dans le marché de la transmission d'électricité, avec des technologies clés dans la haute et très haute tension et dans le domaine des « réseaux intelligents ».

- Grid est numéro un mondial pour des produits et technologies clés tels que les sous-stations à isolation gazeuse (GIS), les sectionneurs ou la transmission de courant continu à haute tension (CCHT).

- Possède plus de 90 sites industriels et d'ingénierie dans le monde, avec plus de 20 000 employés.

Le secteur Grid est départagé en *Quatre Activités* :

- ✓ Produits
- Postes à isolation gazeuse (GIS)
- Disjoncteurs à haute tension
- Transformateurs de mesure
- Transformateurs de puissances

✓ Systèmes
- Projets clés en main
- Postes électriques haute tension
- Électronique de puissance
- Interconnexions Courant Continu Haute Tension (CCHT)
- Installations de production d'énergie électrique
- Intégration de réseaux pour tout type de production

✓ Automation
- Solutions pour la protection, le contrôle et la gestion des réseaux électriques
- N°1 pour les systèmes Network Management Solutions
- Un leader dans l'automatisation des sous-stations avec une gamme complète de solutions (MICOM et PACIS

✓ Service :
- Montage et mise en service.
- Contrôle, entretien, réparation et mise en conformité des actifs.
- Formation et qualification

Chiffre d'affaires :

Exercice clos le 31 mars (en millions d'euros)	2011	2010	2009
Chiffre d'affaires	20 923	19 650	18 739

Figure 1.1 : chiffres d'affaires pour les années 2009,2010 et 2011.

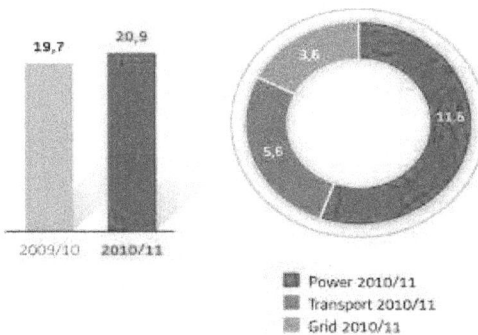

Figure 1.2: Répartition (et évolution) du chiffre d'affaire entre les trois secteurs (entre 2010 et 2011)

2. Historique

Connue à l'origine sous le nom *ALSTHOM* (contraction d'Alsace et de Thomson), qui depuis 1928 (Année de la fusion entre la *Société Alsacienne de la Construction Mécanique* « S.A.C.M » et la *Compagnie Française Thomson Houston* « C.F.T.H ») a réalisé plusieurs acquisitions et fusions avec de nombreuses sociétés. Cette évolution est illustrée par la figure ci-dessus.

N.B :

• La nomination *ALSTOM* date de 1998, année d'acquisition de *Cegelec – T&D*.

• En 2010, *ALSTOM* se dote d'un 3ème secteur par l'acquisition de l'activité transmission d'*Areva* : *ALSTOM GRID*.

3. Personnel d'Alstom

Plus que 96 500 collaborateurs repartis partout dans le monde sur plus de 100 pays, comme suit :

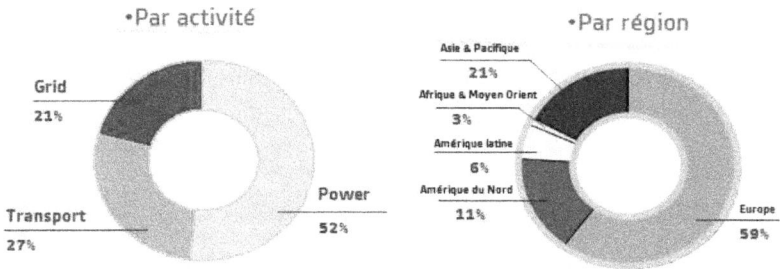

Figure 1.3: Répartition du personnel d'Alstom

Chiffres Clés :

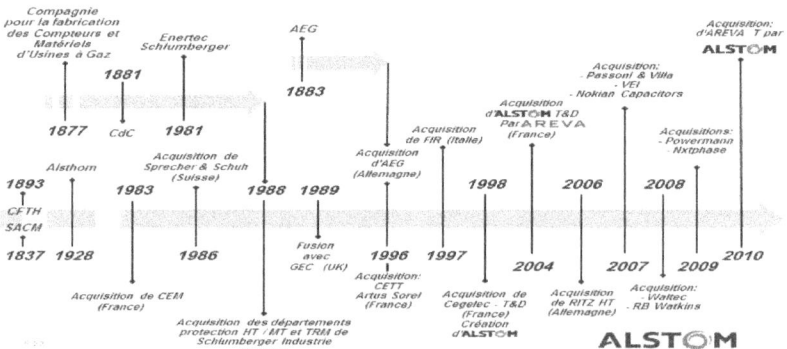

Figure 1.4: Principales acquisitions d'ALSTOM

✓ 42 000 collaborateurs ont bénéficié d'un entretien annuel de compétences.

✓ 70 % des collaborateurs ont suivi une formation en 2010.

3.1 Organigramme Hiérarchique

Comité exécutif d'ALSTOM :

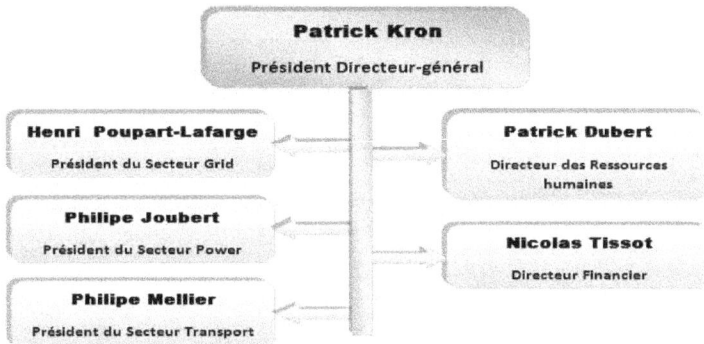

Figure 1.5: Organigramme hiérarchique du comité exécutif d'ALSTOM

Organigramme d'ALSTOM Grid :

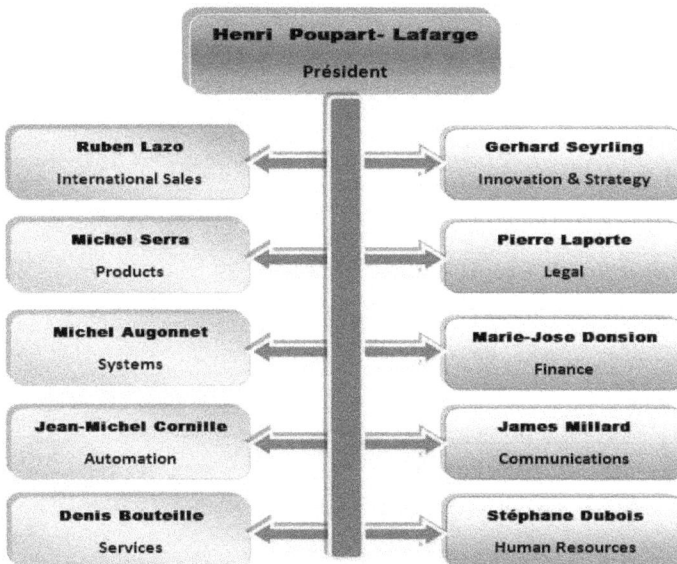

Figue 1.6 : Organigramme hiérarchique du comité exécutif d'ALSTOM Grid

Service Afrique

Puisque mon stage s'est déroulé au sein de l'équipe MSC, il s'avère alors judicieux de la présenter :

MSC Service Afrique – Organigramme

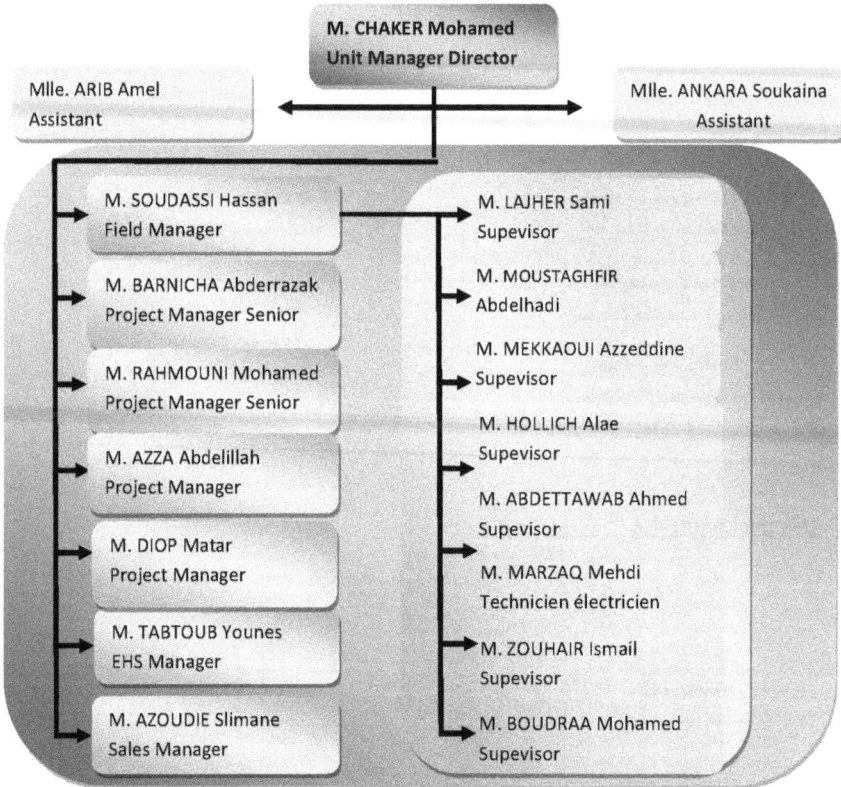

M. CHAKER Mohamed
Unit Manager Director

Mlle. ARIB Amel
Assistant

Mlle. ANKARA Soukaina
Assistant

M. SOUDASSI Hassan
Field Manager

M. BARNICHA Abderrazak
Project Manager Senior

M. RAHMOUNI Mohamed
Project Manager Senior

M. AZZA Abdelillah
Project Manager

M. DIOP Matar
Project Manager

M. TABTOUB Younes
EHS Manager

M. AZOUDIE Slimane
Sales Manager

M. LAJHER Sami
Supevisor

M. MOUSTAGHFIR Abdelhadi

M. MEKKAOUI Azzeddine
Supevisor

M. HOLLICH Alae
Supevisor

M. ABDETTAWAB Ahmed
Supevisor

M. MARZAQ Mehdi
Technicien électricien

M. ZOUHAIR Ismail
Supevisor

M. BOUDRAA Mohamed
Supevisor

Figue 1.7 : Organigramme hiérarchique du comité exécutif d'ALSTOM Grid Maroc-MSC

Objectifs Service Afrique

> Think global / Act Local
> Agir au plus près du client
> Réactivité face aux besoins du client
> Création d'une interface Client - Alstom

Partie II :
Diagnostique des transformateurs de puissances

Partie II : Diagnostique des transformateurs de puissances

Introduction

Le souci majeur des producteurs d'électricités est de pouvoir acheminer cette énergie jusqu'aux points de consommation tout en respectant plusieurs critères à savoir la fiabilité, la qualité de service, et un coût raisonnable.

Cependant, plusieurs contraintes s'imposent à l'ensemble des équipements électriques pendant les différentes phases d'électricité (production, transport, distribution et la consommation) notamment le coût du transformateur qui représente plus de 60% du coût total d'un poste.

Un transformateur est confronté en permanence aux différentes contraintes (internes et externes). Pour lui assurer donc un bon fonctionnement, il est nécessaire de mener périodiquement des inspections et d'effectuer des contrôles réguliers.

Le présent chapitre traite les différentes contraintes des transformateurs et présente l'ensemble des méthodes de diagnostics usuels.

1. Constitution d'un transformateur de puissance

La construction des transformateurs de puissance suit des principes similaires pour les unités de quelques kVA jusqu'aux tailles les plus importantes construites. Cependant, plus la taille de l'unité augmente plus un haut degré de technicité se justifie.

1.1.Circuit électrique

Les transformateurs de faible puissance et de basse tension, ont des enroulements constitués par des bobines en fil de cuivre émaillé, et chaque couche étant isolée de la suivante par du papier. Pour les transformateurs de grande puissance et de haute tension, les enroulements sont constitués par des bobines en fil rond ou méplat isolées au carton imprégné et séparées par des isolants tels que fibre, mica …etc.

Il existe trois types de bobinages:

- Bobinage concentrique simple:

Le bobinage basse tension est enroulé sur le noyau et après isolement est recouvert par le bobinage haute tension.

- Bobinage concentrique double:

Le bobinage haute tension est en sandwich entre les deux moitiés basse tension autrement dit la moitié du bobinage basse tension est enroulée sur le noyau et isolée, puis on enroule le bobinage haute tension et on isole et enfin on termine par la deuxième moitié du bobinage basse tension.

Partie II : Diagnostique des transformateurs de puissances

- Bobinage à galette:

Les bobinages hauts et bas sont fractionnés et constitués par des couronnes ou galettes qui sont enfilées alternativement sur les noyaux.

1.2.Circuit magnétique

Un noyau magnétique est un empilage de tôles ferromagnétiques à haute perméabilité et à cristaux orientés, et isolées électriquement entre elles.

L'objectif d'un circuit magnétique de transformateur est de fournir un chemin de basse reluctance pour le flux magnétique qui lie les enroulements primaires et secondaires.

Pour cette raison, le noyau est conçu de tel sorte à réduire les pertes par hystérésis et par courant de Foucault et ceci en procédant comme suivant :

- Emploi de tôles dont l'épaisseur est choisie tel que l'effet du courant de Foucault soit négligé.
- Emploi d'acier magnétique doux ayant des faibles pertes par hystérésis.
- Emploi d'aciers spéciaux présentant une grande résistivité grâce à des additifs.

On distingue deux dispositions principales selon la forme du circuit magnétique :

- **Type colonne :**

Dans cette disposition le circuit électrique entoure le circuit magnétique, et les chemins de retour du flux magnétique passent par les jambes du circuit magnétique. Autrement dit chaque phase est constituée de deux enroulements concentriques qui sont montés sur le noyau ferromagnétique et se ferme par des culasses à fin d'assurer une bonne canalisation du flux magnétique.

Cette disposition est la plus utilisée pour les transformateurs de grandes puissances, ce type de circuit est dit à flux forcé. Si le déséquilibre est important on utilise des transformateurs à quatre ou à cinq colonnes, dont trois sont bobinées et les autres servent au retour du flux.

- **Type cuirassé :**

Pour la technologie cuirassée c'est le circuit magnétique qui entoure les bobinages haut et bas tensions d'une phase donnée, et les chemins de retour du flux magnétique à travers le circuit magnétique sont externes et entourent les bobinages.

Cette technologie est particulièrement compacte par rapport à la technologie colonne, ces transformateurs sont utilisés principalement dans les réseaux de transport et de répartition où les surtensions transitoires sont fréquentes.

Partie II : Diagnostique des transformateurs de puissances

Cependant elle requière une certaine expérience et beaucoup de main d'œuvre quant à la construction des bobinages et à l'assemblage des tonnes de circuit magnétique.

1.3. La cuve

La cuve d'un transformateur est généralement rigide, elle sert pour la protection de la partie active et elle a pour principaux rôles :

- Réservoir d'huile
- Maintenir à l'intérieur de la cuve le flux de fuite
- Assurer la résistance au court-circuit (uniquement pour le type cuirassé)

Pour les transformateurs dont la puissance dépasse 25 kVA, la surface lisse n'est plus suffisante pour évacuer la chaleur, il faut alors prévoir une cuve de surface ondulé.

2. Défauts des transformateurs de puissances

Le transformateur est un appareil électrique qui a une durée de vie de plusieurs dizaines d'années. Cependant en fonction de son utilisation, sa maintenance, sa charge et les perturbations qu'il subit, il peut être le siège des défaillances plus ou moins importantes.

La diminution de l'isolation entraîne des courts-circuits et des défauts causant des dommages sévères sur l'enroulement et le noyau du transformateur. Une surpression peut aussi survenir dans le réservoir et l'endommager.

Dans cette partie, nous allons essayer de citer les principales causes des pertes d'isolement entre enroulements ou entre enroulement et noyau.

2.1. Décharge partielles

Les phénomènes de décharge partielle (DP) tels que définies par la norme IEC 60270, sont des charges destructifs localisées dans une petite partie d'un système d'isolement électrique solide ou liquide sous l'effet d'une forte contrainte de tension.

Lorsque ces électrons sont soumis à un champ électrique élevé, ils sont accélérés, et si le champ est assez intense, l'énergie qu'ils acquièrent devient suffisante pour provoquer l'ionisation des molécules neutres qu'ils heurtent. Il se crée alors de nouveaux électrons libres qui sont soumis au même champ, et qui vont également ioniser des molécules et ainsi de suite; le processus prend une allure d'avalanche dite de Townsend. Pour qu'une telle avalanche puisse se maintenir, il faut qu'elle atteigne une taille critique, et que le champ ait une valeur suffisante.

Partie II : Diagnostique des transformateurs de puissances

Si une DP ne conduit pas immédiatement à la mise hors service d'un appareil, elle est toutefois préjudiciable dans la mesure où elle conduit à une dégradation des matériaux (en particulier solide) sous l'action de diverses contraintes.

Les décharges partielles précèdent fréquemment un claquage d'isolant, ainsi, la détection de ces phénomènes évite des pannes et des réparations très couteuses.

2.2.Surtension

On appelle surtensions des phénomènes transitoires qui apparaissent au niveau du réseau électrique. Elles se présentent sous forme de tension dont la valeur est largement supérieure à la tension admissible (plus de 7%).

Les surtensions peuvent être d'origine interne ou externe :

➢ Origine interne

Ces surtensions sont causées par un élément du réseau considéré et ne dépendent que des caractéristiques et de l'architecture du réseau lui-même.

A titre d'exemple, la surtension qui apparaît à la coupure du courant magnétisant d'un transformateur.

➢ Origine externe

Ces surtensions sont provoquées ou transmises par des éléments externes au réseau, dont on peut citer à titre d'exemple :

✓ surtension provoquée par la foudre
✓ propagation d'une surtension à travers le réseau vers le transformateur.

Les surtensions dans les réseaux électriques provoquent des dégradations du matériel, une baisse de la continuité de service et un danger pour la sécurité des personnes.

Les conséquences peuvent être très diverses suivant la nature des surtensions, leur amplitude et leur durée. Elles sont résumées dans ce qui suit :

➢ Claquage du diélectrique isolant des équipements dans le cas où la surtension dépasse leur tenue spécifiée,
➢ Dégradation du matériel par vieillissement, causé par des surtensions non destructives mais répétées,
➢ Perte de l'alimentation suite aux coupures longues causées par la destruction d'éléments du réseau,
➢ Perturbation des circuits de contrôle - commande et de communication à courants faibles par conduction ou rayonnement électromagnétique

➤ Contraintes électrodynamiques (destruction ou déformation de matériel) et thermique (fusion d'éléments, incendie, explosion) causées essentiellement par les chocs de foudre

➤ danger pour l'homme et les animaux suite aux élévations de potentiel et à l'apparition des tensions de pas et de toucher.

2.3. Court-circuit

Un court-circuit est la disparition intempestive de l'isolement relatif de deux conducteurs de tensions différentes à la même source, sans interposition d'une impédance convenable. Les conséquences des défauts de court-circuit sont variables selon la nature des défauts, la durée et l'intensité du courant. La présence d'arcs de défaut peut engendrer :

➤ la détérioration des isolants,

➤ la fusion des conducteurs,

➤ un danger d'incendie,

➤ des efforts électrodynamiques qui peuvent engendrer la déformation des enroulements ou l'arrachement des câbles

➤ sur-échauffement par augmentation des pertes joules, avec risque de détérioration des isolants.

2.4.Surcharge

La surcharge du transformateur, provoquée par l'augmentation de la puissance absorbée par les charges ou par le nombre de charges alimentées, se traduit par une surintensité de longue durée. Cette augmentation de courant provoque un échauffement du transformateur et un vieillissement prématuré des isolants.

Les conséquences des surcharges sont :

➤ L'augmentation des températures des enroulements, des calages, des connections, des isolants et de l'huile.

➤ L'échauffement par courant de Foucault dû à l'induction magnétique du flux de fuite

➤ Les traversées, les changeurs de prises, les connexions d'extrémités de câble et les transformateurs de courant sont également soumis à des contraintes plus élevés qui réduisent leurs marges de conception et d'utilisation.

2.5.La contamination d'huile diélectrique

Dans un transformateur l'isolation est assurée par un complexe diélectrique solide (papiers ou cartons) et diélectrique liquide (huile isolante). Le diélectrique liquide a de plus, un second rôle, il doit évacuer l'énergie dissipée par les parties actives sous forme de chaleur.

Ces deux fonctions sont vitales pour un transformateur, ainsi, toute défaillance d'ordre électrique se traduit par un claquage dont les conséquences sont toujours plus graves.

Par conséquent, une surveillance des caractéristiques isolantes est donc nécessaire afin de réduire ces risques.

L'état du système d'isolation à l'huile-cellulose d'un transformateur est l'un des paramètres clés influençant sa durée de vie ainsi que sa fiabilité.

La vitesse de vieillissement de ces matériaux d'isolation organiques dépend de différents paramètres, parmi lesquels:

➢ Matériaux d'isolation d'origine.
➢ Température de l'huile.
➢ Teneur en eau.
➢ Teneur en oxygène.
➢ Acides provenant de la détérioration de l'huile.

L'oxydation est la principale raison du vieillissement de l'huile. Le vieillissement est également influencé par la température, ainsi que par les métaux tels que le cuivre et le fer. L'eau, les acides et la boue sont les produits d'oxydation les plus problématiques. La régénération de l'huile des transformateurs permet de restaurer les propriétés de l'huile afin d'obtenir un produit présentant quasiment les mêmes propriétés qu'une huile neuve.

3. Méthodes de diagnostic conventionnelles

Il est d'une grande utilité d'évaluer l'état d'un transformateur de puissance en permanence et ceci via l'utilisation des méthodes de diagnostic afin d'appliquer une maintenance préventive ou à la limite rectificative. Cette action permet de réduire le temps d'indisponibilité et de contrôler l'état d'équipements en service.

Dans ce cadre les actions de diagnostic effectuées par Alstom Grid sur les transformateurs de puissances sont:

3.1. Analyse d'huile

L'huile est un fluide qui pénètre dans toutes les parties internes du transformateur, sa circulation permet d'évacuer la chaleur produite par les enroulements et ceci par convection à travers la cuve du transformateur.

Son rôle aussi est d'assurer l'isolation et le refroidissement, l'huile isolante d'un transformateur donne beaucoup d'informations sur l'état effectif de l'appareil, ainsi que sur sa durée de vie résiduelle. Sur la base de ces informations, on peut anticiper les défaillances potentielles et mettre en place un plan de maintenance ou de remplacement précis. La qualité d'huile se dégrade inévitablement au fil du temps, il est donc nécessaire de vérifier régulièrement son état, cette action se fait par quatre étapes :

- Prélèvement d'échantillons
- Tests d'huile
- Interprétation
- Recommandations

L'analyse d'huile repose sur un nombre important d'analyses qui prennent en considération plusieurs aspects significatifs, l'ensemble des analyses réalisables peuvent être classées en trois grandes familles comme illustré ci-dessous :

- Etat du fluide diélectrique
- Etat des parties actives
- Niveau dc pollution

3.1.1. Etat du fluide diélectrique

Les analyses physico-chimiques des fluides diélectriques consistent à apprécier l'état général des transformateurs immergés en mesurant les caractéristiques du fluide.

- Aspect :

C'est un test visuel qui permet de détecter la présence des corps et des résidus en suspension à l'instar de la poussière et l'eau.

Un bon état visuel d'huile est caractérisé par un aspect limpide.

- Couleur :

La couleur est une propriété intrinsèque de l'huile neuve, elle permet d'apprécier la qualité d'huile et constitue un moyen efficace pour surveiller l'acidité d'huile en service. Le changement de la couleur renseigne sur la dégradation ou la contamination d'huile de telle sorte d'avoir une couleur jaunâtre presque transparente pour une huile neuve, et un jaune rougeâtre ou rouge foncé pour une huile vieille.

- L'acidité (indice de neutralisation) :

Cette mesure permet de connaître le vieillissement de l'huile. En effet, une huile s'oxyde en présence de contaminants (oxygène dissous, cuivre, …). La température du fluide joue également un rôle essentiel dans ce phénomène. La mesure se fait par titrage acido-basique, et elle est déterminée en mg KOH /g, d'après la **Norme ISO 6618** une bonne huile possède une acidité inférieure à 0.3 mg KOH/g.

- La viscosité :

La viscosité présente le degré d'écoulement du fluide, en effet le frottement des molécules s'oppose à l'écoulement des fluides, c'est un critère important pour apprécier la qualité d'huile.

La viscosité varie avec la température et influence sur le transfert thermique. En effet plus le fluide est visqueux, plus il est difficile de le faire circuler dans l'appareil pour refroidir les parties actives chaudes.

- La teneur en eau :

Cette mesure permet de connaître la quantité d'eau (mg d'eau par kg d'huile) dans le liquide et par extrapolation, d'estimer la quantité d'eau présente dans les isolants cellulosiques. Cette mesure essentielle peut confirmer la valeur de la rigidité et nécessiter un traitement sur site de l'appareil. Cette dernière suit la **Norme EN 60814.**

La présence de l'eau dans le diélectrique provoque le vieillissement prématuré de ce dernier.

- Rigidité diélectrique (tension de claquage) S'exprime en kV :

Cette mesure permet de connaître la tension de claquage d'un liquide diélectrique. Autrement dit ce paramètre indique la capacité de l'huile à supporter la tension à laquelle elle est soumise en service. Une valeur trop faible, signifie la présence d'eau et de la pollution par des particules solides.

Pour la norme EN 60156 la rigidité diélectrique est acceptable à partir de 60kV.

3.1.2. Etat des parties actives (bobinage et isolation cellulosique)

Il s'agit de vérifier :
- ✓ Etat de fonctionnement des parties actives
- ✓ Etat de vieillissement ou dégradation des isolants cellulosiques

Et ceci par :
- *Analyse des dérivés furaniques*
- *Analyse des gaz dissous caractéristiques de défauts thermiques ou électriques*
- Analyse des furanes (S'exprime en ppm)

Cette mesure permet de détecter d'éventuels défauts thermiques ou électriques au niveau des parties actives (échauffement, arc de puissance, décharges partielles, …)

En effet, les matériaux cellulosiques qui constituent l'isolation solide des bobinages se dégradent au fil du temps, ce qui conduit à la formation de composés spécifiques nommés :

«Dérivés furaniques » dissous dans l'huile.

Partie II : Diagnostique des transformateurs de puissances

Ainsi à partir d'un échantillon d'huile, il est possible d'avoir une information sur la dégradation éventuelle de la matière cellulosique (en particulier les papiers de guipage des bobines). On peut distinguer entre :
- une dégradation homogène du papier liée à un vieillissement de l'appareil
- une dégradation localisée par défaut thermique.

L'analyse de composés furaniques dans l'huile est effectuée par chromatographie liquide dans le laboratoire.

Et selon la norme CEI 61198, on serait amené à analyser les indices suivants :

- 5-HMF : 5-Hydroxyméthylfurldéhyde
- 2-FAL : 2-Furfuraldéhyde
- 2-ACF : 2-Furilméthylcétone
- 5-MEF : 5-Méthylfurfuraldéhyde

Généralement les niveaux de composés furaniques sont au-dessous de 0.1ppm, mais ils peuvent atteindre 1ppm jusqu'à 10ppm dans les vieux transformateurs.

- Analyse des gaz dessous :

Cette mesure permet de détecter d'éventuels défauts thermiques et/ou électriques au niveau des pièces sous tension de l'appareil et d'intervenir avant l'incident.

En effet chaque type de défaut fait cuire l'huile ou le papier d'une manière différente, en produisant des quantités de gaz dissous caractérisant le défaut.

Pour l'interprétation des résultats obtenus, il y a plusieurs méthodes parmi lesquelles on peut citer : la méthode de Rogers, Doernenburg et CEI 60599.

Ces méthodes se reposent sur le calcul des trois rapports de gaz $C2H2/C2H4$, $CH4/H2$, $C2H2/C2H6$ puis l'interprétation des résultats en fonction des seuils et des codes appropriés à chaque intervalle de valeur. Cependant ces méthodes restent limitées et ne couvrent pas toutes les gammes de données qui sont en dehors des seuils déterminés dans les tables de ces méthodes.

D'où la nécessité d'une méthode plus large à l'instar de la méthode du triangle de Duval, qui consiste au calcul de pourcentage de concentrations en (ppm) des trois gaz ($CH4$, $C2H4$, $C2H2$) par rapport au total ($CH4+C2H4+C2H2$), ces pourcentages seront tracés dans un triangle divisé en région indiquant le type de défaut.

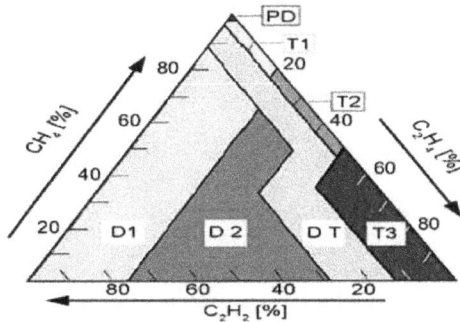

Figure 2.1: Identification des défauts par la méthode du Triangle de Duval

PD : décharge partielle

T1 : Défaut thermique T < 300 C

T2 : Défaut thermique 300 C < T < 700 C

T3 : Défaut thermique T >700 C

D1 : Décharge de baisse énergie

D2 : Décharge de haute énergie

DT : Mélange de défauts thermiques et électriques

3.1.3. Teneur en PCB

Cette mesure permet de déterminer la valeur exacte de la pollution éventuelle par les PCB dans l'huile et de répondre ainsi aux différentes exigences de la réglementation en vigueur.

Les **P**oly**c**hloro**b**iphényles sont une famille de produits chlorés. Ils ont été massivement utilisés dans l'industrie notamment dans les transformateurs du fait de leur grande stabilité chimique et thermique. Leurs caractéristiques particulières (haut pouvoir isolant, grande résistance à l'inflammation, pouvoir lubrifiant) les destinaient à une utilisation privilégiée dans l'industrie.

Les PCB et PCT sont plus connus sous leur dénomination commerciale: pyralène, arochlor, askarel.

Il existe plus de 200 congénères différents. Pour déterminer la teneur en PCB dans l'huile, nous utilisons la technique de la Chromatographie en Phase Gazeuse (ou CPG).

Partie II : Diagnostique des transformateurs de puissances

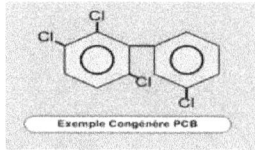

Figure 2.2: Exemple de congénère PCB

❖ **Autres Analyses :**

D'autres analyses peuvent être nécessaires. Elles sont à réaliser en fonction de plusieurs paramètres : caractéristiques techniques, historique des analyses, utilisation et importance stratégique de l'appareil concerné :

Tension inter-faciale	Viscosité à 40°C
Comptage de Particules	Métaux Dissous
Mesure des HAP	Tangente δ (angle de perte)
Soufre Corrosif	Analyse des Dépôts

Tableau 2.1 : Autres analyses d'huiles

Essais selon la norme :

Méthode	Norme	Année	Incertitude	Unité
Analyse des gaz dissous	CEI 60567	2005	15%	ppm $^{20°C}$
Teneur en eau	CEI 60814	1997	10%	ppm
Indice d'acidité	CEI 62021-1	2003	20%	mg$_{KOH}$/g$_{huile}$
Rigidité diélectrique	CEI 60156	1995	20%	Kvolt (2,5 mm)
Facteur de dissipation	CEI 60247	2004	20%	-
Dérivés furaniques	CEI 61198	1993	20%	ppm
PCB	CEI 60619	1997	10%	ppm
Analyse des métaux	Méthode interne	2007	10%	ppm
Comptage de particules	CEI 60970	2007	-	-
Colorimétrie	Méthode interne	2009	-	-
Teneur en additif	CEI 60666	2006	15%	ppm
Teneur en eau (papiers)	CEI 60814	1997	-	%
Aspect	Méthode interne	2009	-	-
Masse volumique à 15°C	NF EN ISO 3675	1998	-	kg/l
Dépôts	NF E 48652	1990	-	%
Teneur en passivation	CEI 60666	-	15%	ppm

Tableau 2.2 : Normes d'analyse d'huile

3.2. Mesures diélectriques

Les isolants ou diélectriques sont des matériaux ayant une résistivité très élevée car ils contiennent très peu d'électrons libres. Un isolant est caractérisé par ses propriétés électriques, mécaniques, chimiques et thermiques. Un bon isolant ne devrait pas laisser passer de courant lorsqu'il est soumis à une tension continue. Autrement dit, sa résistance en courant continu doit être infiniment grande. Cependant, en pratique, un courant de fuite très faible circule dans tous les matériaux isolants utilisés en HT continue. Le courant passant à travers un isolant en HT continue est également constant et est appelé courant résiduel. En HT alternative, n'importe quel matériau isolant laisserait passer un courant capacitif.

Dans un transformateur de puissance, les isolants sont soumis à un vieillissement donnant lieu à des pertes progressives de leurs caractéristiques diélectriques. Ainsi, il est important de procéder périodiquement à l'analyse du diélectrique.

La technique d'analyse diélectrique est basée sur la mesure de deux propriétés électriques fondamentales des matériaux isolants – capacité et conductivité – en fonction du temps de la température et de la fréquence.

3.2.1. Facteur de puissance tan δ et la capacité d'isolement

La mesure du tanδ est réalisée sur l'isolation du transformateur afin de déterminer l'état de l'isolant capacitif entre les enroulements, entre les enroulements et le noyau, et entre les enroulements et la cuve ou autre composant du transformateur qui est mis à la terre.

Le chapitre III fournit les détails de la procédure d'essai et aussi l'interprétation des résultats.

3.2.2. La résistance d'isolement

La mesure de la résistance d'isolement est un point important dans la maintenance des équipements électriques tels que moteurs, transformateurs. Presque 80% de toutes les activités de maintenance dans l'industrie est liée à la vérification de l'isolation des machines.

❖ Principe de mesure de la résistance d'isolement

Le principe est d'appliquer une tension continue stable et spécifiée (choisie parmi les valeurs normalisées 500V, 2500V, 5000V, 7500V, 10000V) entre les points définis, au bout d'un temps généralement imposé, et de mesurer le courant traversant le matériau testé. En appliquant la loi d'Ohm (Résistance = Tension / Courant) on exprime le résultat en donnant la valeur de la résistance d'isolement. Cette valeur est alors comparée à la valeur de seuil minimal spécifié par la norme utilisée pour l'essai.

L'enroulement à tester doit d'abord être isolé, les autres enroulements de la machine doivent être reliés à la masse. Ensuite, on applique une tension continue entre l'enroulement et la terre. Puis on relève les valeurs de la résistance à 15 s, 30 s, 45 s, 60 s, 600 s.

Partie II : Diagnostique des transformateurs de puissances

Il existe deux méthodes d'interprétation :

➤ Le rapport d'absorption

Le rapport d'absorption est le rapport entre la mesure de la résistance d'isolement à 60s et la résistance d'isolement à 15s. Les valeurs obtenues doivent d'être comparé à des anciennes valeurs prises aux mêmes conditions (température, humidité, appareil de mesure), si non, des facteurs de correction doivent être appliqués.

Il n'y a pas de critères d'acceptation pour les valeurs obtenues. Cependant, comme règle générale aucune de ces valeurs ne doit pas être moins de 200 MΩ.

➤ Indice de polarisation

L'indice de polarisation est le rapport entre la mesure de la résistance d'isolement à 600s et la résistance d'isolement à 60s. Cet indice permet d'avoir une idée claire sur l'état d'isolement, une valeur de IP supérieure à 2 signifie une bonne isolation, une valeur de IP inférieur à 1 renseigne sur un mauvais isolement.

3.3. Mesures électriques

3.3.1. Mesure du rapport de transformation

Il s'agit de mesurer le rapport des tensions du transformateur à vide pour les différentes prises du régleur et pour chaque phase, puis les comparer avec les valeurs de conception, dont le but est la détection des éventuelles problèmes concernant les enroulements, le couplage et le régleur.

Les mesures du rapport de transformation sont généralement réalisées à l'aide des instruments numériques spécialement prévus à cet effet.

$$R_{TH} = U_{HT}/U_{BT} \qquad (2.1)$$

$$ECART = \frac{(Rmesuré) - (Rthéorique)}{Rthéorique} \qquad (2.2)$$

L'écart dans le rapport de transformation ne doit pas dépasser ± 0,5%

3.3.2. Mesure de la résistance des enroulements

La mesure consiste à appliquer un courant continu dans les bobinages puis mesurer la chute de tension correspondante et par conséquent la résistance (tension /courant).

L'objectif de cette mesure est de déterminer l'existence des dérivations sur les valeurs de conception des résistances dans les bobinages, le calcul des pertes par effet joule dans les enroulements et si les enroulements sont correctement connectés.

Partie II : Diagnostique des transformateurs de puissances

La résistance varie avec la température, par conséquent chaque fois que les résistances des enroulements sont établées, les températures en cours de mesure doivent être indiquées, afin de pouvoir ramener les valeurs mesurées vers des valeurs à la température de référence.

La résistance corrigée est donnée par la formule suivante :

$$R_{COR} = R_m \left(\frac{\theta_F + \theta_{ref}}{\theta_F + \theta_m} \right) \qquad (2.3)$$

Rm : Résistance mesurée

θ_F : 235 pour le cuivre et 225 pour aluminium

θ_{ref} : Température de référence

θ_m : Température des enroulements

En vue des problèmes de magnétisation du noyau résultant du courant continu de l'essai, la mesure de la résistance doit être effectuée en dernier lieu.

3.3.3. Mesure des pertes à vide et du courant à vide

L'essai à vide est réalisé lorsque l'un des enroulements n'est pas connecté à l'alimentation électrique alors que l'autre est alimenté en tension assignée et à la fréquence assignée, puis les pertes à vides P_0 et le courant à vide I_0 sont mesurés.

Le courant à vide a une composante de magnétisation et une composante de perte, ce qui permet d'évaluer le circuit magnétisé du transformateur.

L'essai est généralement effectué entre 90% et 115% de la tension U_N à des intervalles constantes et les valeurs correspondantes sont mesurées aux tensions nominales.

Les pertes qui se produisent à vide sont :

➢ Pertes de fer dans le noyau du transformateur et dans d'autres parties métalliques
➢ Pertes diélectriques dans les isolations
➢ Pertes dues à la charge causées par le courant à vide

Les deux dernières pertes sont relativement faibles, elles peuvent être négligées par conséquent, les seuls pertes à vide sont les pertes de fer.

Les courants à vide n'étant pas symétriques et n'ayant pas généralement la même amplitude, ils ont également des angles de phases différentes en triphasé, par conséquent les valeurs indiquées par les wattmètres ne seront pas identiques.

Partie II : Diagnostique des transformateurs de puissances

3.3.4. Mesure de la tension de court-circuit et des pertes dues à la charge

Les pertes de tension de court-circuit correspondent à des valeurs garanties et communiquées par le fabricant au client. La tension de court-circuit constitue un paramètre important, notamment pour le fonctionnement des transformateurs en parallèle, où les pertes de tension de court-circuit sont un élément important au point de vue économique.

Cette mesure est effectuée pour déterminer les pertes dues à la charge du transformateur et à la tension de court-circuit à la fréquence et avec le courant prescrit.

Le courant assigné est généralement appliqué à l'enroulement HT, tandis que l'enroulement BT est en court-circuit. Le courant d'essai devra être proche, autant que possible de la valeur du courant assigné I_N.

Selon les normes, la valeur mesurée des pertes est évaluée à une température de référence (ex: 75°C).

3.3.5. Mesure de la réactance de fuite

La mesure de la réactance de fuite est un essai très important qui permet la mesure de l'impédance de court-circuit du transformateur afin de détecter les déformations des bobinages.

Le mesureur de réactance Megger MLR10 permet de mesurer les réactances de fuites des transformateurs de puissance haute tension ainsi que d'autres paramètres associés. L'appareil mesure l'impédance de fuite de l'enroulement primaire du transformateur.

Lors de cet essai, le secondaire est court-circuité. Un transformateur idéal présente un couplage magnétique parfait (sans perte) entre l'enroulement primaire et secondaire. Dans la réalité, un transformateur présente systématiquement une quantité de pertes magnétiques que nous pouvons quantifier par la mesure de cette inductance.

La valeur de ces pertes dépend de la configuration géométrique des enroulements du transformateur. La mesure régulière de la réactance de fuite d'un transformateur permet de donner des indications sur l'état de ses enroulements. La variation des valeurs de la réactance provient de la déformation des circuits magnétiques (noyaux et bobinages). Les déformations mécaniques se produisent pendant les phases de transport, d'installation et de surcharge ou de court-circuit lorsque le transformateur est en service. La mesure régulière des réactances de fuite sur les transformateurs d'énergie permet de suivre ces évolutions et prévenir de toutes avaries.

3.3.6. Analyse de la réponse en fréquence (FRA)

L'analyse de la réponse fréquentielle est un outil puissant et sensible pour évaluer l'intégrité mécanique et géométrique de base, des enroulements et du circuit magnétique des transformateurs de puissance, par la mesure de leurs fonctions de transfert sur une large gamme de fréquences.

Le chapitre IV fournit les détails de la procédure d'essai et aussi l'interprétation des résultats.

Conclusion

Nous avons présenté dans ce chapitre les différentes anomalies des transformateurs de puissance ainsi que les méthodes d'inspection conventionnelles afin de réduire la probabilité de défaillance et d'augmenter l'espérance de vie du transformateur.

Les mesures électriques et diélectriques fournissent une image claire sur l'état de l'isolation (huile et papier).

Un transformateur est conçu de telle sorte à résister à un certain nombre d'efforts mécanique.

Mais, il arrive que ces forces soit dépassées, d'où la nécessité d'une méthode capable de détecter les problèmes mécaniques et électriques des circuits magnétiques et bobinages.

Partie III :
Etablissement d'outil d'interprétation des résultats de l'essai Tanδ

Introduction

L'essai du Tan Delta est un test très intéressant pour évaluer l'isolation des enroulements et des traversées. Il donne une idée sur le processus de vieillissement dans le transformateur et permet à l'aide d'autres tests de prédire la durée de vie restante. Il est également connu sous le test de l'angle de perte ou test de facteur de dissipation. Jusqu'à maintenant il n'y a pas de formules standards ou points de repère pour déterminer la réussite d'un test de tangent delta.

Dans cette partie nous allons décrire la procédure du test, nous allons aussi donner des indications sur la manière d'interprétation des résultats.

1 La théorie du facteur de dissipation

1.1 Généralités

➤ Définition

Les isolants ou diélectriques sont des matériaux ayant une résistivité très élevée, car ils contiennent très peu d'électrons libres. Un isolant est caractérisé par ses propriétés électriques, mécaniques, chimiques et thermiques. Un bon isolant ne devrait pas laisser passer de courant lorsqu'il est soumis à une tension continue.

Autrement dit, sa résistance en courant continu doit être infiniment grande. Cependant, en pratique, un courant de fuite très faible circule dans tous les matériaux isolants utilises en HT continue. Le courant passant à travers un isolant en HT continue est constant et est appelé courant résiduel. En HT alternative, n'importe quel matériau isolant laisserait passer un courant capacitif.

➤ Circuit équivalent d'une isolation en courant alternatif

Un isolant placé entre deux conducteurs peut être modélisé de manière simplifiée par le circuit équivalent suivant :

C : la capacité entre les deux conducteurs.
R : résistance d'isolement de l'isolant.

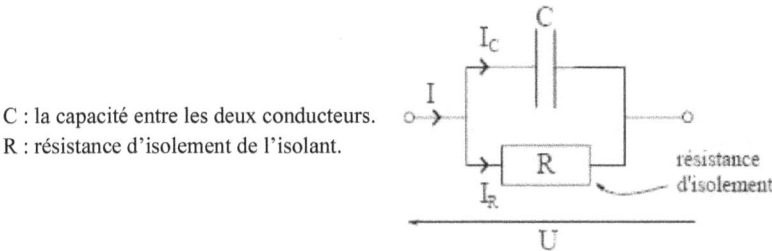

Figue 3.1: Circuit équivalent d'une isolation en courant alternatif

➢ Calcul de l'angle de pertes diélectriques

L'angle de pertes δ est défini comme étant l'angle complémentaire du déphasage entre la tension U (entre les conducteurs) et le courant de fuite I traversant l'isolant

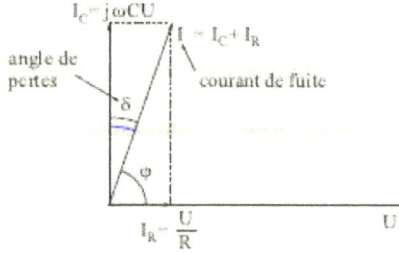

Figue 3.2: L'angle de pertes diélectriques

$$\tan \varphi = \frac{CU\omega}{\frac{U}{R}} = RC\omega$$

$$\Rightarrow \tan \delta = \frac{1}{\tan \varphi} = \frac{1}{RC\omega}$$

Les pertes actives du circuit de mesure peuvent être calculées selon l'équation suivante:

$$P = U.I.Cos\ \varphi = U^2.C.\omega.\tan \delta$$

(Il est admis que, dans de très petits angles, Cosφ sera égal à tanδ)

➢ Le principe de l'essai de tangent delta

Le test consiste à appliquer une tension de très basse fréquence pour entrainer une forte valeur de réactance capacitive ce qui demande moins de puissance pendant l'essai. En outre, les courants seront limitées ce qui facilite la mesure.

Dans un condensateur pur, le courant est en avance par rapport à la tension de 90 degrés. L'isolation à l'état pur se comporte de façon similaire. Toutefois, si l'isolation s'est détériorée en raison d'impureté ou d'humidité, le courant qui circule à travers l'isolant possède également une composante résistive.

L'angle de pertes caractérise la qualité d'un isolant :
- ✓ bon isolant → résistance d'isolement R élevée - δ faible
- ✓ mauvais isolant → R faible - δ élèvé

1.2 Schéma de capacité d'isolement d'un transformateur

La mesure du tan δ fournit des informations générales sur la perte d'isolement dans le noyau ou dans les enroulements. La mesure de capacité se fait entre cuve et enroulements ou entre enroulements.

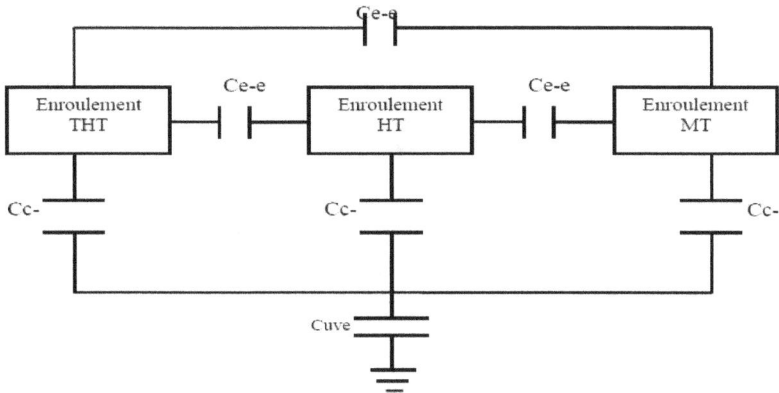

C c- : capacité entre cuve et enroulement
C e-e : capacité entre enroulements

Figue 3.3: Schéma de capacité d'isolement d'un transformateur à trois enroulements

1.3 Schéma de capacité d'isolement d'une traversée

La mesure tanδ pour une traversée peut renseigner sur son état ce qui évite son explosion.
Les traversées de type capacitives possèdent une prise de mesure et peuvent être représentées par :

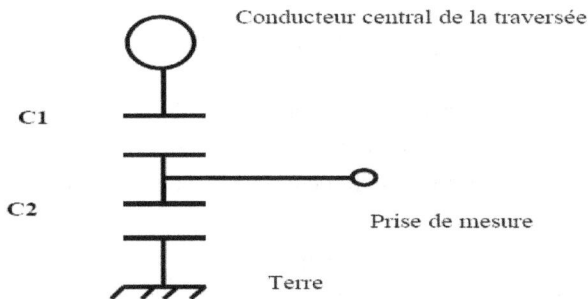

Figue 3.4: Schéma de capacité d'isolement d'une traversée

2 Développement de la procédure de mesure du tanδ

2.1 Généralités

La mesure du tanδ est réalisée sur l'isolation du transformateur afin de déterminer l'état de l'isolant capacitif entre les enroulements, entre les enroulements et le noyau, et entre les enroulements et la cuve ou autre composant du transformateur qui est mis à la terre.

La norme IEC définie le facteur de dissipation comme étant le rapport entre la puissance absorbée et la puissance totale fournie à l'isolant, cela correspond au tanδ.

Le comité IEEE définie le facteur de dissipation comme étant le rapport entre la puissance perdue dans la résistance et la puissance totale fournie à l'isolant. Le facteur de puissance s'exprime généralement en pourcent.

Le présent document confond les termes : facteur de puissance, tangente delta, tan δ, et facteur de dissipation sont confondus.

⚠ Assurez-vous que le transformateur est démagnétisé et hors service avant que n'importe qu'il travail soit exécuté.

➤ La source de tension

Lors de la mesure du facteur de dissipation, une source de tension doit être disponible, soit séparée ou intégrée à l'appareil de mesure. La tension doit être réglable jusqu'à au moins 10 kV.

Il y a trois modes essentiels de test :

GST: Grounded Specimen Test
GST/g: Grounded Specimen Test with Guard
UST: Ungrounded Specimen Test

Ces configurations permettent aux différentes sections du système d'isolation d'être testée séparément.

En général, l'instrument de test du facteur de puissance contient un wattmètre/ ampèremètre et il a trois fils: une sortie haute tension pour l'excitation de l'objet de test, une entrée de mesure, et le fil de mise à la terre pour mesurer le courant à travers l'isolation.

Le facteur de puissance est calculé à partir du courant et les pertes mesurées par le wattmètre/ampèremètre conformément à l'équation suivante:

$$\text{PF (\%)} = 10 \times \text{Loss (Watts)}/\text{Current (mA)}$$

Les appareils qui sont utilisés par les services pour la mesure du facteur de puissance :

> DOBLE M4000

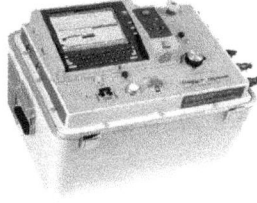

Figure 3.5: L'appareil DOBLE de mesure de facteur de puissance

> MEGGER DELTA 3000

Figure 3.6: mesure de facteur de

L'appareil MEGGER de puissance

> OMICRON CPC 100

Figure 3.7: L'appareil OMICRON de mesure de facteur de puissance

2.2 Mesure du tanδ pour un transformateur

Pour un transformateur à deux enroulements, on effectue six essais différents pour évaluer l'état des différentes parties de l'isolation du transformateur. Le tableau suivant montre les différents modes d'essai ainsi que les fils de mesure à appliquer aux enroulements du transformateur pour chaque mode.

Test Mode	HV Winding	LV Winding	Tank/Core	Measured Capacitance
GST	HV Lead	Meas. Lead	Gnd. Lead	$C_H + C_{HL}$
GST/g	HV Lead	Meas. Lead (on guard)	Gnd. Lead	C_H
UST	HV Lead	Meas. Lead	Gnd. Lead (on guard)	C_{HL}
GST	Meas. Lead	HV Lead	Gnd. Lead	$C_L + C_{HL}$
GST/g	Meas. Lead (on guard)	HV Lead	Gnd. Lead	C_L
UST	Meas. Lead	HV Lead	Gnd. Lead (on guard)	C_{HL}

Tableau 3.1: Modes d'essai pour la mesure de facteur de puissance d'un transformateur

> **Le mode UST**

Dans la configuration UST, le courant circulant dans l'isolation entre le fil haute tension et le fil de mesure est mesuré en connectant le fil de mesure à l'entrée du wattmètre/ ampèremètre. Le conducteur de terre est relié au fil de garde, et donc les courants qui circulent dans le fil de terre ne sont pas mesurés.

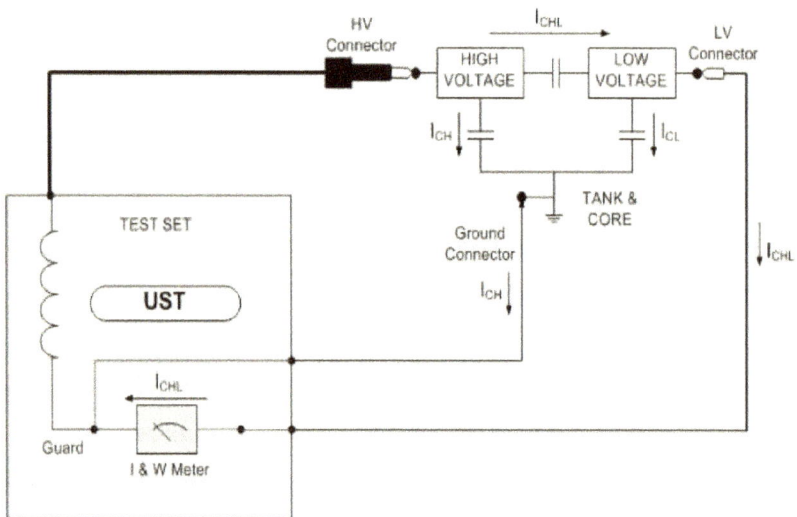

Figure 3.8: Mesure du Tgδ de la capacité C_{HL} en mode UST

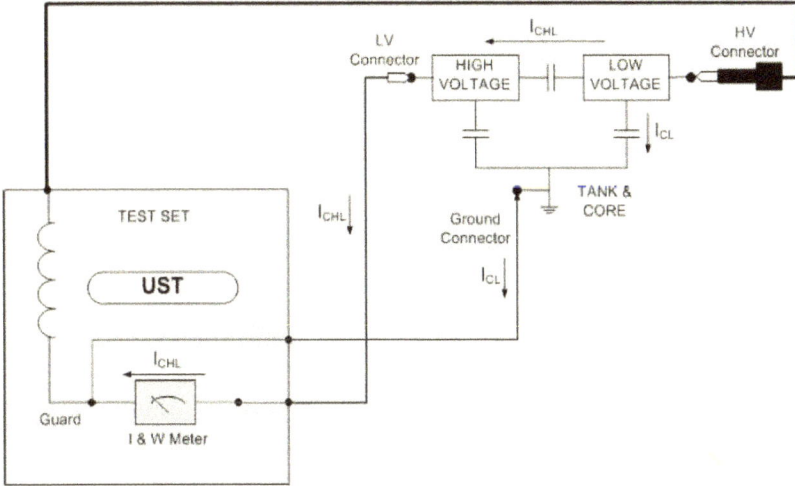

Figure 3.9: Mesure du Tgδ de la capacité C_{HL} en mode UST de l'autre coté

> ➤ **Le mode GST**

Dans la configuration GST, tous les courants circulant à partir du câble HV à la masse sont mesurés par l'ampèremètre. Ceci est accompli par une connexion interne entre le câble de mesure et le câble de terre et puis relier les deux câbles à l'entrée de l'ampèremètre/ wattmètre.

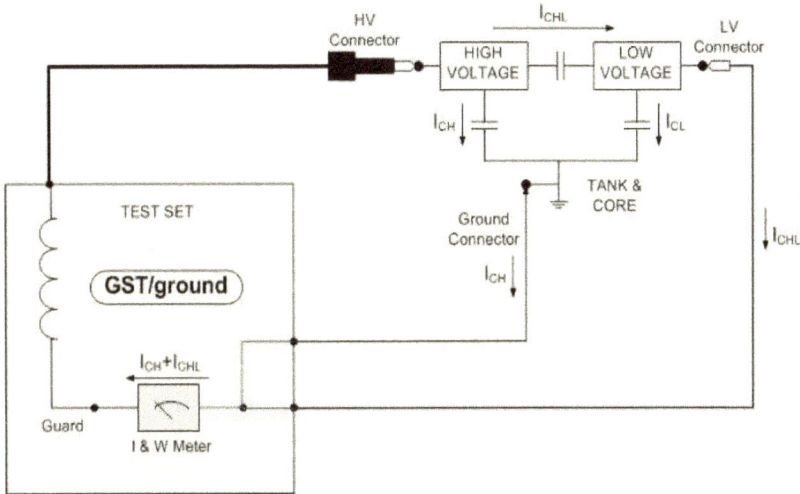

Figure 3.10: Mesure du Tgδ de la capacité C_{HL} + C_H en mode GST

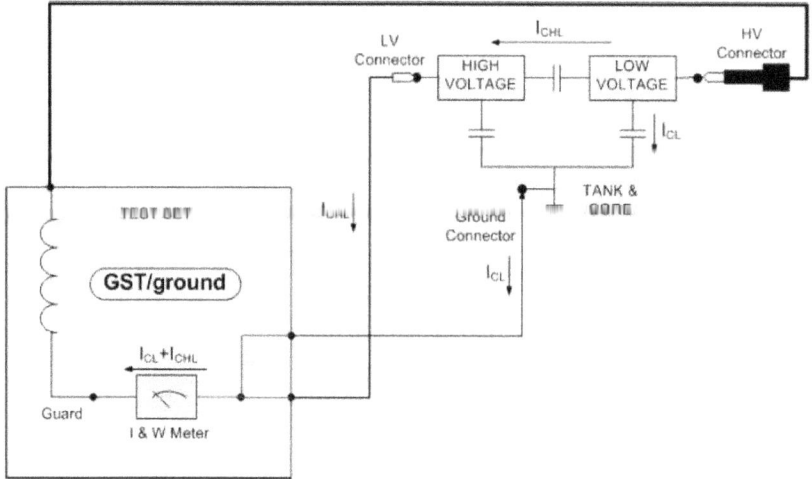

Figure 3.11: Mesure du Tgδ de la capacité $C_{HL} + C_L$ en mode GST

> **Le mode GST/g**

Dans la configuration GST/g, le fil de mesure est relié au fil de garde, et le fil de terre est connecté à l'entrée de l'ampèremètre/wattmètre. Le courant mesuré est le courant qui circule directement de la borne HV à la masse

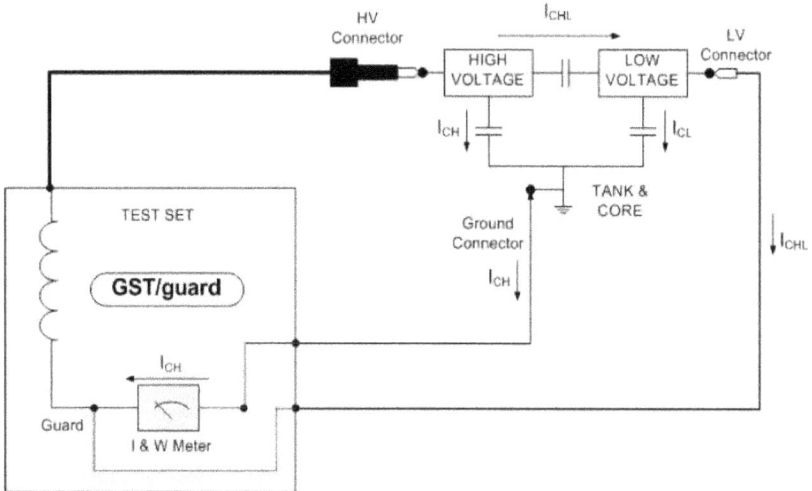

Figure 3.12: Mesure du Tgδ de la capacité C_H en mode GST/g

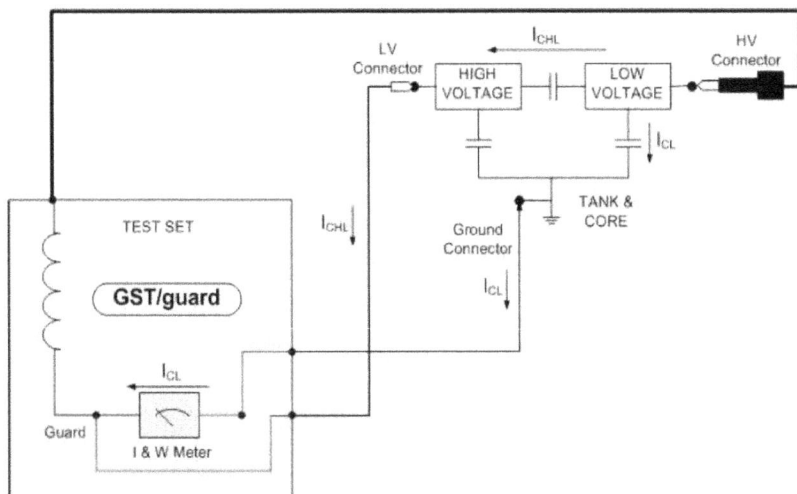

Figure 3.13: Mesure du Tgδ de la capacité C_L en mode GST/g

2.3 Mesure du tanδ pour une traversée

➢ Recommandations

• Avant de mettre une traversée en service, le facteur de dissipation doit être mesuré et comparé avec les valeurs indiquées sur la plaque signalétique ou dans le rapport d'essai de routine.

• Lors de l'essai d'une traversée ayant une prise de mesure, il n'est pas nécessaire de déconnecter le conducteur de la traversée. Il suffit d'ouvrir le sectionneur.

• Pour des raisons de sécurité et pour la réduction de l'influence de l'inductance de l'enroulement, tous les enroulements de la même phase du transformateur doivent être court-circuités.

Les enroulements qui ne sont pas connectés à la traversée en test doivent être mis à la terre.

• En fonction de la capacité à tester, la source de tension (tension d'essai) doit être connectée au sommet de la traversée ou à la prise de test capacitive.

• Les câbles de la source de tension ou de mise à la terre ne doivent pas être connectés avec les câbles du test.

• Les fils de mesure doivent être aussi courts que possible et ne doivent pas toucher des objets mis à la terre.

• La traversée dans son boîtier de transport ne doit pas être entourée de matériau humide.

- La prise de mesure doit être propre et sèche.

- Dans des conditions humides, le séchage de la prise de mesure est nécessaire pour une mesure correcte du tan δ. Un dessiccateur d'air peut être utilisé pour le séchage.

- Le nettoyage du boîtier isolant de l'air est indispensable pour une mesure correcte du tanδ.

Avant la réalisation du test tanδ sur des traversées il est recommandable :

➤ Nettoyez les traversées pour minimiser les effets des courants de fuite de surface

➤ Mettez à terre les enroulements opposés

➤ Retirer le couvercle de la prise de mesure pour la traversée en essai

➤ Effectuer la mesure de C1 en mode UST

➤ Si nécessaire, effectuer la mesure globale de GST

➤ Effectuer un test de C2 en mode GST/g

➤ Schéma de mesure :

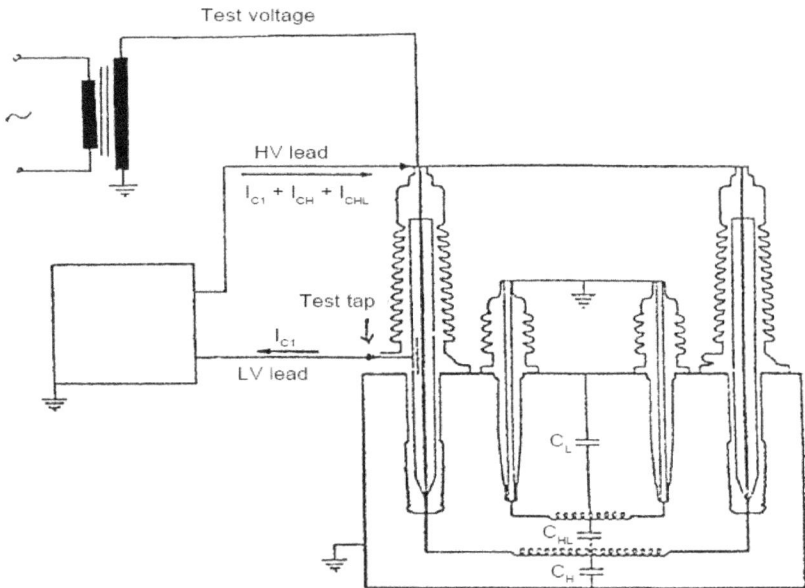

Figure 3.14: Schéma de mesure du Tgδ pour une traversée

Le tableau suivant montre les différents modes d'essai ainsi que les fils de mesure à appliqués aux enroulements de transformateur pour chaque mode.

Test sequence						
Test	Level	Voltage to	HV test lead to	LV test lead to	Switch position	Measure tan δ and capacitance in
1	10	CL	CL	Tap	UST	C_1
2	Note A	Tap	Tap	CL	Ground (GST)	$C_1 + C_2$
3	Note A	Tap	Tap	CL	Guard	C_2
4	Note A	Tap	Tap	CL	UST	C_1
5	10	CL	CL	Ground (Flange)	Ground (GST)	The whole bushing

Tableau 3.2: Modes d'essai pour la mesure de facteur de puissance d'une traversée

Il est conseillé d'effectuer le test 1 toujours. Le Test 2 doit être également effectué, surtout si le test 1 donne un résultat déviant. La capacité C2 peut être calculée par la soustraction de C1. Test 3 et 4 sont des tests d'enquête si les tests précédents donnent un soupçon de défaut. Les valeurs du facteur de dissipation, mesurées au test 4, devraient être comparées avec les valeurs mesurées au test 1. Les tests 5, 1 et 2 sont recommandés pour des traversées non montées.

3 Interprétation

3.1 Transformateur

Pour évaluer la valeur du facteur de puissance, il est conseillé de comparer les résultats du test aux mesures du test précédent. Le taux d'augmentation du facteur de puissance donne une idée sur l'état de l'isolation.

Le tableau suivant donne des recommandations fournies par les ingénieurs de Doble pour évaluer les résultats de facteur de puissance pour des transformateurs de puissance immergés

Power Factor Reading	Possible Insulation Condition
≤0.5%	Good
>0.5% BUT ≤0.7%	Deteriorated
>0.7% BUT ≤1.0% (& Increasing)	Investigate
>1.0%	Bad

Tableau 3.3: Valeurs typiques pour l'interprétation du facteur de puissance

Pour les transformateurs immergés de distribution, les valeurs de facteur de puissance dans le tableau doivent être doublées. Pour les valeurs de facteur de puissance qui sont jugées comme **Investigate** ou **Bad**, il est nécessaire d'effectuer d'autres essais pour identifier avec certitude la cause du facteur de puissance élevé. Ces essais comprennent l'analyse des gaz dissous dans l'huile, l'humidité dans l'huile, d'analyse de la réponse fréquentielle du diélectrique (DFR), analyse de la réponse en fréquence (FRA), et le facteur de puissance tip-up test.

❖ **Facteur de puissance tip-up test**

Power Factor tip-up test est réalisé en appliquant une tension par pas égaux de zéro à la tension maximale autorisée. Le test est effectué sur la section de l'isolation avec un facteur de puissance élevé. Pour chaque tension appliquée, on calcule le facteur de puissance.

L'état de l'isolant dont nous avons mesuré est obtenu par l'observation de la nature de la tendance du tracé. La tendance droite indiquerait une isolation saine, car si l'humidité ou d'autres contaminants polaires sont la cause du facteur de puissance élevé, la puissance mesurée sera essentiellement la même pour toutes les tensions appliquées. Tandis qu'une tendance à la hausse indique une isolation qui a été contaminée.

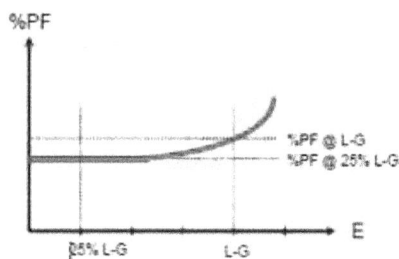

Figure 3.15: Facteur de puissance tip-up test

3.2 Traversée

La valeur du facteur de puissance pour les traversées OIP et RIP doit être comparée avec les valeurs de la plaque signalétique ou les valeurs du test de validation (test juste après le montage).

Pour les traversées OIP, la norme IEEE C57.19.01 spécifie une limite de **0,5%** pour le facteur de puissance (pour les traversées neuves).

Le tableau suivant donne des valeurs typiques pour le PF pour plusieurs fabricants et différents types de traversées:

Manufacturer	Type	Description	Typical PF (%)	Questionable PF (%)	Comment
General Electric	A	Through Porcelain	3	5	Type S, no form letter (through porcelain) redesigned as Type A
General Electric	A	High Current	1	2	
General Electric	B	Flexible cable, compound-filled	5	12	Type S Form F, DF & EF were redesigned as Type B, BD, and BE respectively
General Electric	D	Oil-filled upper portion, sealed	1.0	2.0	
General Electric	F	Oil-filled, sealed	0.7	1.5	
General Electric	L	Oil-filled upper portion, sealed	1.5	3.0	
General Electric	LC	Oil-filled upper portion	0.8	2.0	
General Electric	OF	Oil-filled expansion chamber	0.8	2.0	
General Electric	S	Force C & CG, Rigid Core, Compound-filled	1.5	6	
General Electric	U				See special instructions for Type U in section that follows.
LAPP	ERC	Epoxy Resin Core, plastic or oil-filled	0.8	1.5	
LAPP	PRC, PRC-A	Paper Resin Condenser Core	0.8	1.5	Typical C2 power factors for older PRC design range from 4-15% due to injected compound during manufacturing process
Ohio Brass	Class LK-Type A		0.4	1.0	
Ohio Brass	ODOF, Class G, Class L		1.0-5.0	Change of 22% from Nameplate value	Manufactured prior to 1926 and after 1938
Ohio Brass	ODOF, Class G, Class L		2.0-4.0	Change of 16% from Nameplate value	Manufactured between 1926 and 1938
Ohio Brass	S, OS, FS		0.8	2.0	
Westinghouse	RJ	Solid Porcelain	1.0	2.0	
Westinghouse	D	Semi Condenser	1.5	3.0	
Westinghouse			1.5	3.0	Bushings on OCB and instrument transformers 92 kV to 139 kV (except Type O, O-A1, OC, and O+C)
Westinghouse			1.0	2.0	Bushings on power and distribution transformers of all ratings (except Type O, O-A1, OC, and O+C)
Modern Condenser Bushings			0.25-0.5	0.5-1.0	(e.g. ABB Type A, O+C)

Tableau 3.4: Valeurs typiques pour l'interprétation du facteur de puissance des traversées

❖ L'interprétation des valeurs de tg δ conformément à la norme CEI :

La valeur mesurée du facteur de dissipation doit être corrigée en fonction de la température de mesure, le tableau suivant donne les facteurs de correction à appliquer :

Range (°C)	Correction to 20°C OIP	Correction to 20 °C RIP
0-2	0.80	0.76
3-7	0.85	0.81
8-12	0.90	0.87
13-17	0.95	0.93
18-22	1.00	1.00
23-27	1.05	1.07
28-32	1.10	1.14
33-37	1.15	1.21
38-42	1.20	1.27
43-47	1.25	1.33
48-52	1.30	1.37
53-57	1.34	1.41
58-62	1.35	1.43
63-67	1.35	1.43
68-72	1.30	1.42
73-77	1.25	1.39
78-82	1.20	1.35
83-87	1.10	1.29

Tableau 3.5: Tableau de correction du Tgδ selon la température de mesure

Pour les traversées OIP et RIP les valeurs du facteur de dissipation doivent être comparées avec les valeurs de la plaque signalétique ou les valeurs du test de routine :

- **0-25% d'augmentation**: La valeur est enregistrée et aucune mesure supplémentaire n'est prise.

- **25-40% d'augmentation**: Le circuit de mesure est vérifié pour des éventuelles fuites ou interférences externes. Si la différence reste, le problème peut être dû à l'humidité. Les connecteurs des joints de niveau d'huile doivent être remplacés selon les informations du produit pour la traversée. La valeur mesurée est enregistrée, et la traversée peut être remise en service.

- **40-75% d'augmentation**: Effectuer les mesures discutées pour l'augmentation de 25-40% et répéter la mesure dans un mois.

- **Plus de 75% d'augmentation:** La traversée doit être mise hors service. Toutefois, si le facteur de dissipation est inférieur à 0,4%, la traversée peut être remise en service, même si l'augmentation en pourcentage de la valeur initiale est supérieure à 75%.

❖ **L'interprétation des valeurs de la capacité**

La valeur mesurée de la capacité C1 doit être comparée avec la valeur donnée sur la plaque signalétique de la traversée ou avec le rapport de test de routine. Si la mesure est supérieure à 3% (selon ABB) ou 5% (selon Doble) de la valeur nominale, il pourrait y avoir une perforation partielle de l'isolant. Une valeur extrêmement faible pour C1 peut être due aux dommages de transport et la traversée ne doit pas être remise en service dans les deux cas.

C1 Test Result Analysis

Power Factor
- Modern Condenser Type Bushings in Acceptable condition
  - Will depend on the manufacturer and type
  - Generally the order of **0.5%**
  - Temperature correction to 20°C
- Deteriorated Bushings
  - Generally Between **0.5% to 1.0%**
- Investigate Bushings
  - Above **1.0%**

Current/Capacitance
- Recommended Limits
  - $\pm$ 5% - Investigate
  - $\pm$ 10% - Investigate/Remove From Service

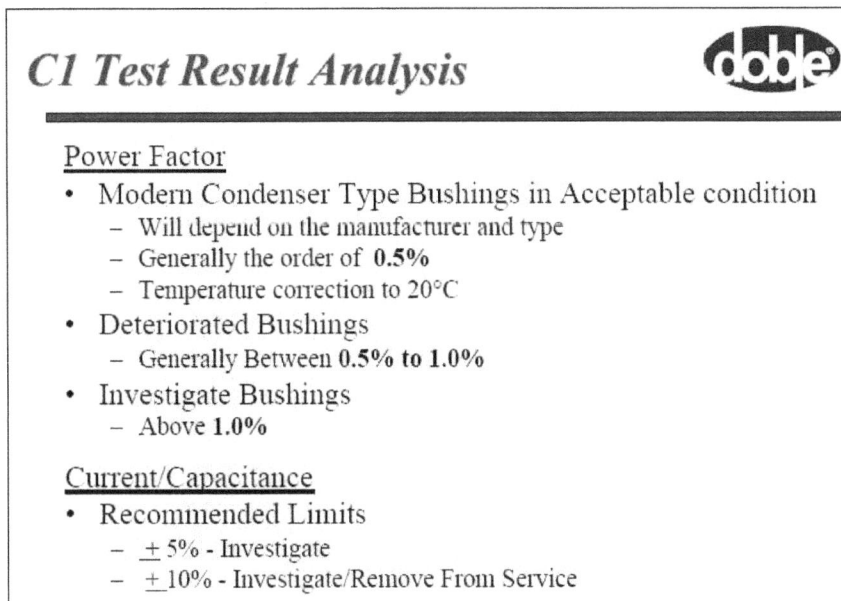

Figure 3.16: L'interprétation des valeurs de la capacité et de Tgδ selon Doble

❖ Conclusion

L'essai de tanδ est un outil important pour vérifier l'isolation du papier pour les enroulements et les traversées. Une mauvaise réalisation du test conduit à des interprétations erronées.

Les étapes suivantes sont utiles pour confirmer ou clarifier un mauvais résultat du test de facteur de puissance:

1. Revérifier toutes les connexions.

2. Assurez-vous que la connexion à la terre est bonne.

3. Vérifier le circuit de test utilisé pour la mesure.

4. Vérifiez les fils de test et les fils de mise à la terre.

5. Inspecter visuellement la traversée ainsi que l'huile.

6. Nettoyez et séchez toutes les surfaces.

7. Pour les traversées, on peut comparer et analyser les résultats de traversées similaires

9. Vérifiez que le facteur de correction de température a été utilisé pour les tests de C1.

10. Si la valeur est encore incertaine, contactez le fabricant.

Partie IV :
Etablissement d'outil d'interprétation des résultats de l'essai FRA

Introduction

L'analyse de la réponse fréquentielle est un outil puissant et sensible pour évaluer l'intégrité mécanique et géométrique de base, des enroulements et du circuit magnétique des transformateurs de puissance, par la mesure de leurs fonctions de transfert sur une large gamme de fréquences.

Dans ce chapitre, nous allons introduire la théorie de la FRA en détaillant le principe de la méthode ainsi que ses variances. Nous allons aussi expliciter les différents types d'essais tout en spécifiant l'intérêt de chacun par rapport aux autres. Finalement, nous allons expliquer les différentes méthodes d'interprétation des résultats.

1. Généralités sur la FRA

1.1. Base du test FRA

1.1.1. Effort électrodynamique dans un transformateur

Un transformateur est conçu pour résister à un certain nombre d'effort mécanique. Cependant il arrive que ces forces soient dépassées pendant le transport ou lors d'un court-circuit près du transformateur. Ainsi, la résistance mécanique du transformateur se dégrade au cours du temps.

Les efforts électrodynamiques des courants de court-circuit sont très dangereux, les enroulements des transformateurs sont véritablement secoués.

Lors d'un court-circuit aux bornes du transformateur :

$$\hat{I}_{cc} = \frac{k.I_n.100.\sqrt{2}}{U_{cc}} \qquad (4.1)$$

Ce courant de court-circuit est de

$$\hat{I}_{cc} = \frac{1,8.I_n.100.\sqrt{2}}{1.22} = 208,62.I_n \qquad (4.2)$$

Les forces internes dans le transformateur se calculent par la formule :

$$F = B.I.l = \mu_0.\mu_r.\frac{n.i}{l}.L.I \approx I^2 \qquad (4.3)$$

Ces forces peuvent engendrer des déformations radiales ou axiales :

Figure 4.1: déformations radiales des enroulements   Figure 4.2: déformations axiales des enroulements

1.1.2. Objectifs des mesures FRA

La méthode FRA nous permet de détecter les défauts suivant :
- Déformation du circuit magnétique
- Défaut de terre du noyau magnétique
- Déformation du bobinage
- Déplacement du bobinage
- Effondrement partiel du bobinage
- Déformation des systèmes de serrage
- Rupture des systèmes de serrage
- Rotation et ouverture des bobinages

1.1.3. Quand effectuer une mesure FRA?

Généralement les mesures FRA sur les transformateurs sont recommandées :
- En usine
- Avant et après chaque transport
- Après un incident, (changements de caractéristiques)
- Catastrophe naturelle (tremblement de terre, tornades)
- Essais de déclenchement – Alarmes du transformateur :
  - Vibration
  - DGA (Dissolved Gaz Analysis)
  - Haute température

1.2. Principe de la méthode SFRA

Un transformateur comprend un grand nombre de capacitances, d'inductances, et de résistances; un circuit RLC très complexe qui génère une empreinte digitale ou signature unique lors de la représentation de sa réponse à une tension à fréquences discrètes sous forme de courbes.

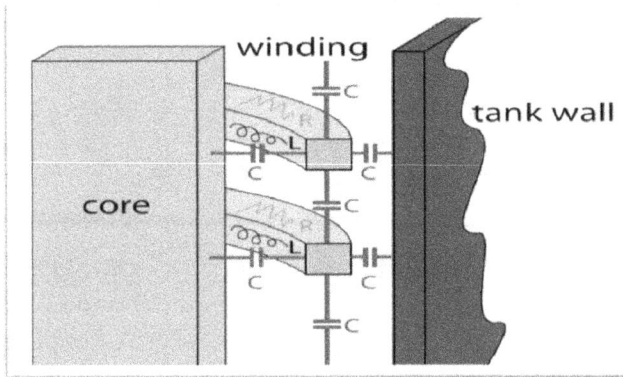

Figure 4.3: Modélisation du transformateur en circuit RLC

Puisque l'objectif des mesures FRA est d'obtenir la réponse en fréquence des enroulements, une technique a été proposée pour mesurer cette réponse directement en utilisant une technique de balayage de fréquence : SFRA (Sweep Frequency Response Analysis). Cette technique est basée sur l'injection d'un signal alternatif à fréquences variables dans un terminal et la mesure du signal de réponse dans l'autre terminal. Le rapport de ces deux signaux donne la réponse exigée. Ce rapport s'appelle la fonction de transfert du transformateur à partir duquel l'amplitude et la phase peuvent être obtenus.

2. Modélisation du transformateur

Il y avait un grand défi pour les travaux de recherche effectués dans la modélisation du transformateur, et grâce aux différentes propositions de modèles, plusieurs types de modèles de transformateur ont été construits et utilisés. Généralement, il y a deux principaux types pour le modèle du transformateur.

Le premier type donne les caractéristiques principales du transformateur et il n'est pas nécessairement lié aux conditions internes du transformateur et sa configuration physique. Ce type de modèle, décrit surtout la performance des terminaux et leurs caractéristiques, et peut être réalisé par plusieurs méthodes (équations mathématiques, analyse de réseau …)

L'autre type de modèle de transformateur est le modèle physique. Ce modèle peut modéliser tous les parties du transformateur avec détails. Ce type de modèle utilise un réseau de paramètres équivalent (résistances, inductances et capacités) pour construire le modèle et il se focalise sur la gamme de fréquence d'intérêt.

Un modèle détaillé est préférable, mais c'est très difficile d'avoir des informations de conception du transformateur car ça nécessite des détails et des données de propriété de conception que les fabricateurs ne veulent pas divulguer.

Pour évaluer les résultats de la FRA, sans utiliser les données d'essai de référence, les courbes d'essai FRA peuvent être comparées avec les données de simulation FRA tirées par des modèles mathématiques. Il existe différentes approches pour générer des modèles à hautes fréquence des enroulements des transformateurs.

Une approche assez fréquemment appliquée est un modèle global contenant des résistances, des capacités, inductances propres et inductances mutuelles. Les paramètres de modèles globaux sont généralement générés à partir de la géométrie d'enroulement s'elle est disponible.

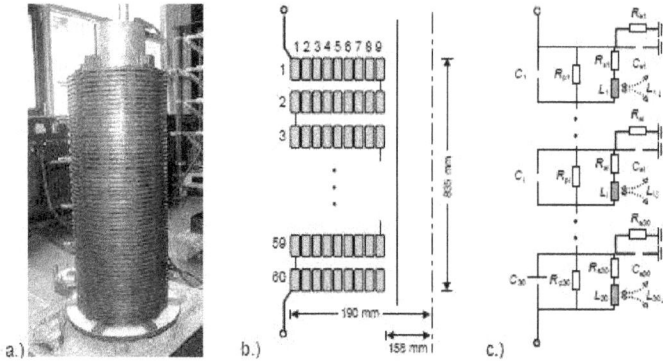

Figure 4.4: Modèle global pour la simulation mathématique

En raison de la complexité de véritables assemblages de bobinages et de leurs tolérances mécaniques, les modèles mathématiques basés sur des données purement géométriques montrent généralement des écarts importants pour des données mesurées. Même pour les géométries de test extrêmement simplifiées, un bon accord est difficile à obtenir.

Une comparaison directe des données de simulation et des résultats de test est rarement applicable pour l'interprétation des mesures de la FRA. D'autre part la modélisation mathématique peut être très utile pour interpréter les écarts entre les résultats de test FRA pour tous les défauts possibles dans le transformateur. En effet Les défauts mécaniques peuvent être facilement introduits dans les modèles mathématiques.

La comparaison des résultats de la simulation avant et après l'introduction des défauts mécaniques fournit des informations sur l'effet de ces défauts sur les caractéristiques de la FRA.

Dans ce mémoire nous allons adopter un modèle qui n'est pas basé sur les données d'un transformateur bien déterminé mais basé sur des données expérimentales. L'objectif de ce modèle est d'interpréter les résultats de la FRA causés par les changements internes. Les composantes de base de ce modèle sont prises du document :

Purkait, P. and Chakravorti, S, "Pattern Classification of Impulse Faults in Transformers by Wavelet Analysis", IEEE Transactions on Dielectrics and Electrical Insulation, Vol. 9, No. 4, pp. 555 – 561, August 2002.

avec quelques modifications. Des résistances misent à la terre sont ajoutées à chaque section de l'enroulement pour la simulation des pertes diélectriques de l'isolation, depuis que ce facteur ait une influence sur les résultats de la FRA. Pour simplifier l'analyse un seul enroulement a été simulé avec ce modèle, et le nombre de sections est un compromis entre une proximité au transformateur réel et la capacité du programme de simulation à effectuer les calculs.

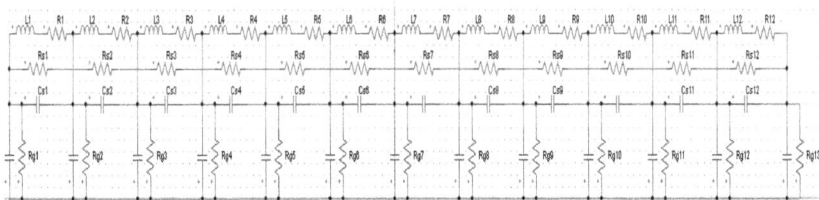

Figure 4.5: modèle d'un enroulement HT d'un transformateur de puissance

Un circuit de réseau R, L, C équivalent fait l'objet de la simulation de l'enroulement du transformateur, chaque section du circuit consiste en une capacité à la terre (Cg), une capacité en série (Cs), une résistance (R) et une inductance (L) en série.

Les inductances en série représentent les inductances des spires, les capacités à la terre en parallèle représentent les capacités entre les spires et la terre, les capacités en série représentent les capacités entre deux spires et les résistances en série représentent la résistance des spires. Une résistance (Rg) en parallèle est ajoutée dans quelques simulations pour représenter les pertes diélectriques entre l'enroulement et la cuve, une résistance (Rp) en parallèle avec la capacité (Cs) est aussi ajoutée dans quelques simulations pour représenter les pertes diélectriques entre spires.

Données des sections du modèle :

R : résistance par spire	**2.4 M. ohms**
L : inductance par spire	**0.14 mH**
Cs : capacité série par spire	**0.91 pF**
Cg : capacité à la terre par spire	**0.67 pF**
Rg : résistance en parallèle avec **Cg** par spire	**12 M. ohms**
S : nombre totale de section	**12**

3. Simulation du modèle

L'objectif de la modélisation du transformateur est l'analyse des principaux changements dans les résultats de la FRA qui peuvent être causées soit par les déformations internes du transformateur ou par le circuit de mesure.

Dans cette partie, nous allons étudier l'influence des différents changements internes du transformateur sur sa signature, nous allons aussi analyser les principaux facteurs qui peuvent modifier les résultats de la FRA à fin de pouvoir expliquer les distorsions dans les résultats réelles.

Pour notre simulation nous avons choisi le logiciel Power Sim (PSIM) puisque qu'il est l'un des logiciels les plus répandus dans le monde, et aussi parce qu'il utilise des composants. C'est un outil très complet qui est orienté vers l'électrotechnique.

Après avoir élaboré le modèle de l'enroulement HT sur lequel nous avons travaillé, nous l'avons alimenté par une tension test de 10V et de fréquence variable, la réponse obtenue est considérée comme réponse d'un enroulement sain (sans défaut) et utilisée comme référence pour pouvoir interpréter les distorsions générées par les différents défauts.

3.1.Simulation d'un enroulement HT sain

Le modèle adopté pour un enroulement HT est le suivant :

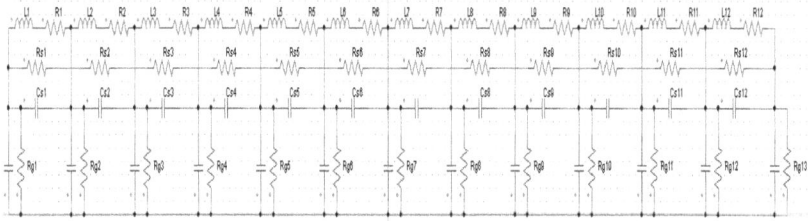

Figure 4.6: modèle d'un enroulement HT sain

La figure ci-dessous montre la réponse de cet enroulement supposé sans défaut.

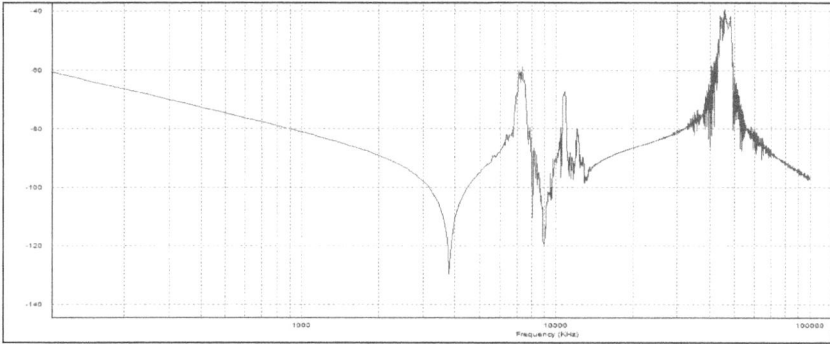

Figure 4.7: réponse fréquentielle d'un enroulement HT sain

Pour étudier les différents défauts du transformateur nous devons changer les paramètres du modèle selon le défaut. Les défauts qui peuvent être simulés sont :

- ✓ Court-circuit entre spires
- ✓ Court- circuit à la terre
- ✓ Circuit ouvert
- ✓ Déformations axiales
- ✓ Déformations radiales

3.2.Court-circuit d'une spire

Dans ce cas nous allons simuler un court-circuit d'une seule spire

Figure 4.8: court-circuit d'une spire

La technique de la FRA donne des informations sur les structures géométriques et mécaniques de l'enroulement.

Après avoir simulé la réponse d'un enroulement HT sain, nous allons simuler un défaut de court-circuit d'une spire et puis nous allons comparer les deux réponses à fin de distinguer les distorsions significatives.

La figure 4.9 montre le modèle d'un enroulement HT avec une spire mise en court-circuit à travers une résistance de 1Ω

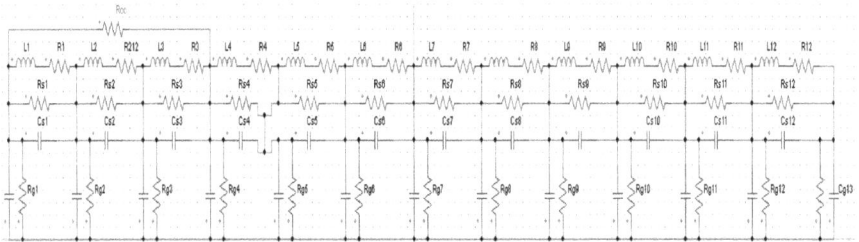

Figure 4.9: modèle d'un enroulement HT avec une spire mise en court-circuit

La figure ci-dessous montre la réponse de la simulation du défaut.

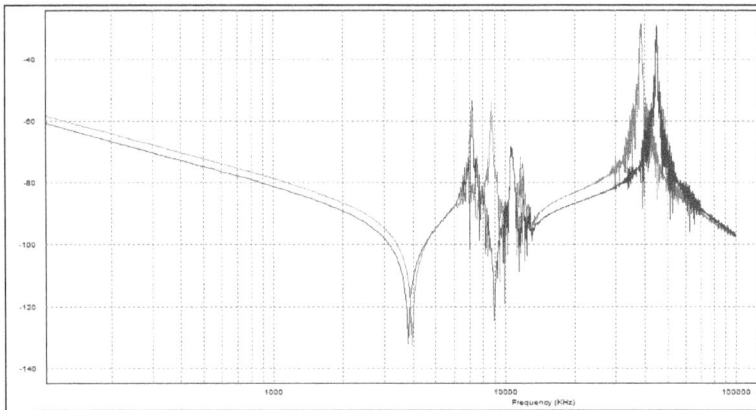

Figure 4.10: la réponse de la simulation d'un enroulement HT avec une spire mise en court-circuit

De la réponse de l'enroulement affecté par un court-circuit, on constate un déplacement des pics vers la droite pour la plage de fréquence 1MHz-15MHz, et un déplacement des pics vers la gauche pour les fréquences au-delà de 15MHz. L'amplitude des pics n'a pas subi des changements significatifs.

Le court-circuit entre plusieurs spires donne à peu près les mêmes résultats de simulation.

3.3.Court-circuit à la terre

Dans ce cas, nous allons simuler un défaut de court-circuit avec mise à la terre.

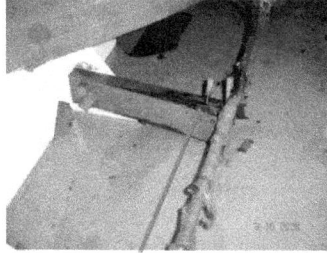

Figure 4.11: défaut de court-circuit avec mise à la terre

La figure 4.12 montre le modèle d'un enroulement HT avec une spire mise à la terre et en court-circuit à travers une résistance de 1Ω.

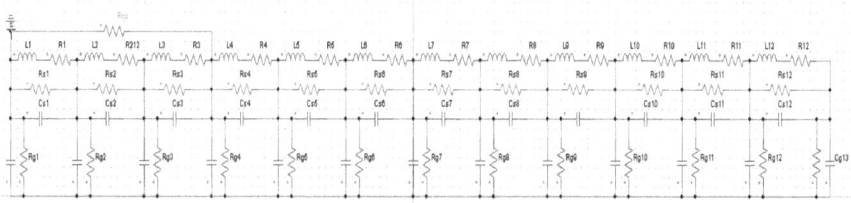

Figure 4.12: modèle d'un enroulement HT avec une spire mise à la terre

La figure ci-dessous montre la réponse de la simulation du défaut.

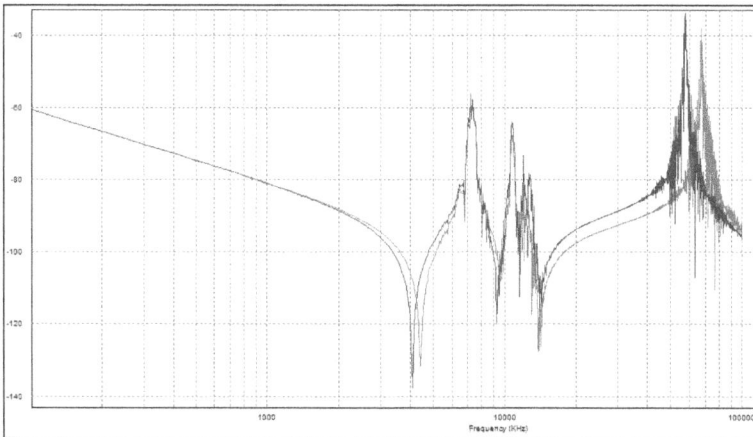

Figure 4.13: la réponse de la simulation d'un enroulement HT avec une spire mise à la terre

Les graphes de simulation montrent une petite variation de l'amplitude dans les deux directions des pics ainsi qu'un décalage à droite du premier et du dernier pic.

3.4.Circuit ouvert

La modélisation d'un circuit ouvert est réalisée en introduisant une résistance infinie en série avec la résistance de la spire.

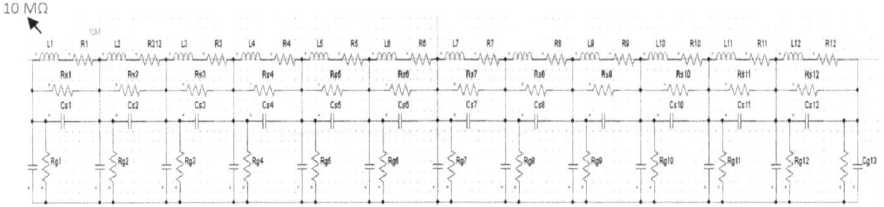

Figure 4.14 : modèle d'un circuit ouvert

La figure ci-dessous montre la réponse de la simulation du défaut.

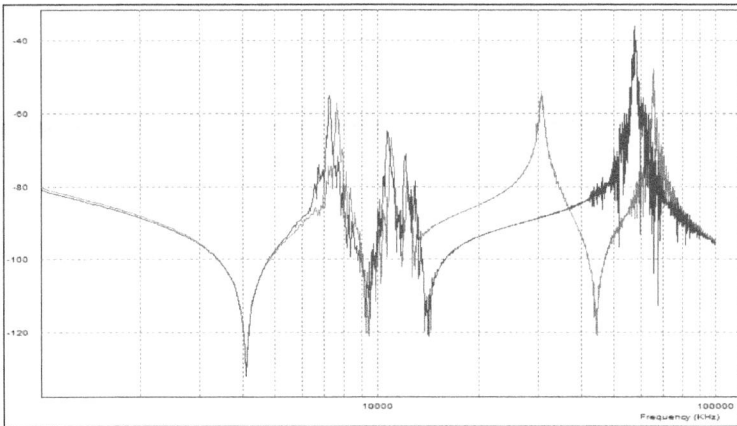

Figure 4.15: la réponse de la simulation d'un modèle du circuit ouvert

On remarque l'apparition de nouveaux pics pour les très hautes fréquences, ainsi qu'un petit décalage entre les deux réponses.

3.5.Déformations axiales

Cette simulation a pour but de modéliser les déformations axiales dans l'enroulement qui engendrent principalement des changements dans l'isolation entre spires. Cette modélisation est réalisée en modifiant les valeurs des capacités Cs.

Figure 4.16: déformations axiales dans l'enroulement

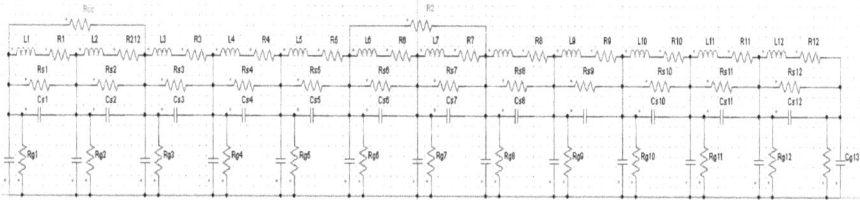

Figure 4.17 : modèle de l'enroulement HT avec déformations axiales

La figure ci-dessous montre la réponse de la simulation du défaut.

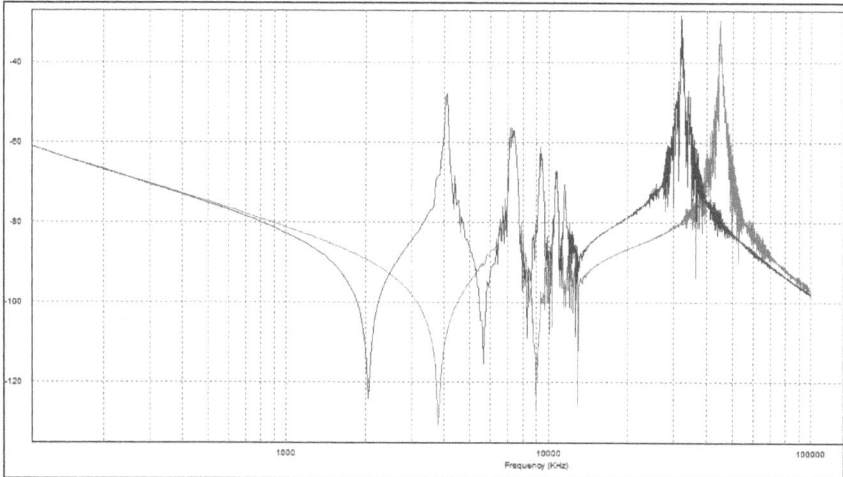

Figure 4.18: Simulation du défaut de l'enroulement HT avec déformations axiales

Sur le résultat de simulation on remarque un décalage à droite des pics ainsi que la disparition d'autres pics.

La variation de l'amplitude des pics est négligeable.

3.6. Déformations radiales

La figure 4.19 montre le modèle d'un enroulement HT avec des déformations radiales. Ce type de mouvement engendre des changements dans l'isolation entre les spires et la terre. Cette modélisation est réalisée en modifiant les valeurs des capacités Cg.

Figure 4.19: Déformations radiales de l'enroulement

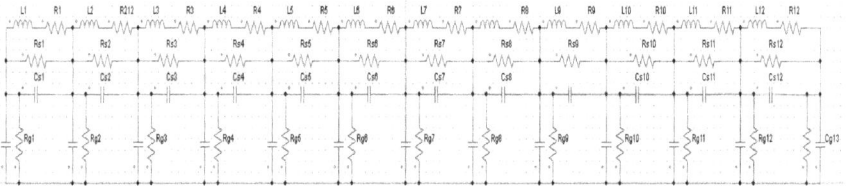

Figure 4.20: Modèle de l'enroulement HT avec déformations radiales

La figure ci-dessous montre la réponse de la simulation du défaut.

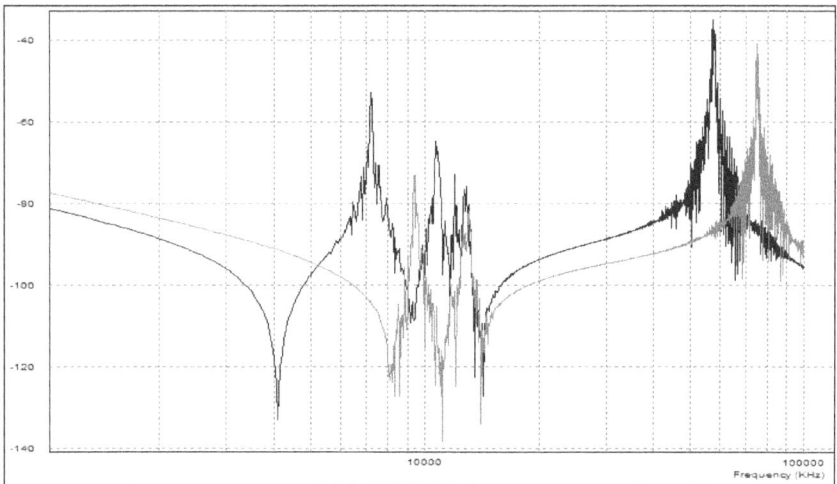

Figure 4.21: Simulation du défaut de l'enroulement HT avec déformations radiales

On remarque l'apparition des grandes distorsions pour les basses et moyennes fréquences, ainsi qu'un décalage du pic des hautes fréquences. Les amplitudes des pics sont significativement changées.

D'après les simulations réalisées dans cette partie nous avons constaté que les défauts internes du transformateur de puissance ont une grande influence sur sa réponse en fréquence. Ainsi, les déformations internes du transformateur peuvent être déduites des changements de l'allure de sa réponse (apparition, disparition, déplacement et variation d'amplitudes des pics de résonance).

4. Développement de la Procédure de mesure
4.1. Les types d'essais FRA
4.1.1. Circuit de test et connections

Pour faire une mesure FRA, une tension est injectée à une borne du transformateur par rapport à la cuve. La tension mesurée à l'entrée de la borne est utilisé comme référence pour le calcul de FRA. Le signal de réponse est généralement une tension prélevée à travers l'impédance de mesure connecté à une seconde borne du transformateur en se référant à la cuve. Pour la connexion des terminaux et de la cuve, il est recommandé d'appliquer la méthode « standard » suivante :

Les câbles coaxiales d'entré et de référence sont taraudés ensemble à proximité de la partie supérieure de la traversée. Une extension de la mise à la terre est exécutée le long du corps de la traversée jusqu'à la bride pour connecter les câbles à la cuve, même principe s'applique pour le câble de réponse.

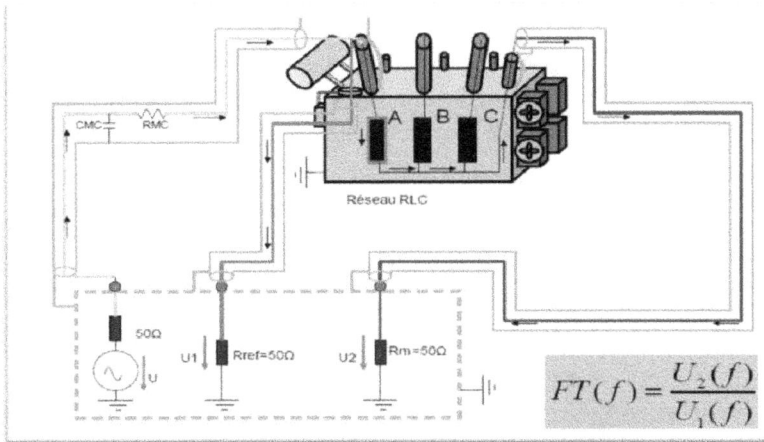

Figure4.22: Schéma de mesure de la SFRA

$$FT(f) = \frac{U_2(f)}{U_1(f)}$$

4.1.2. Essais entre extrémités (End-to-end)

Dans ce test, le signal est appliqué à une extrémité de chaque enroulement dans le transformateur, et le signal transmis est mesurée à l'autre extrémité. L'impédance de magnétisation du transformateur est le paramètre principal caractérisant la réponse basse fréquence (inférieure à la première résonance) en utilisant cette configuration.

Ce test est le plus couramment utilisé en raison de sa simplicité et la possibilité d'examiner séparément chaque enroulement. L'essai « End–to-end » peut être réalisé avec la source appliquée sur la borne de la phase ou du neutre et il a pour but de vérifier l'état du circuit magnétique et des enroulements primaires du transformateur.

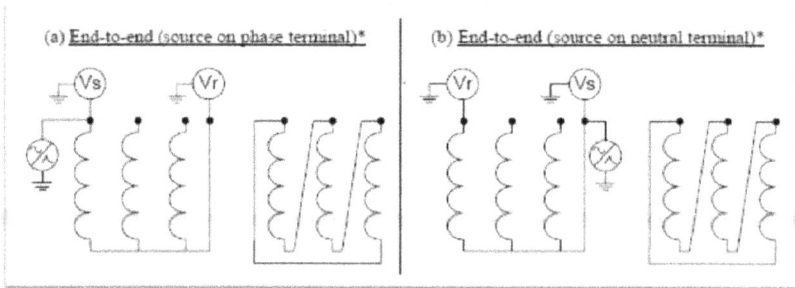

Figure 4.23 : Schéma de mesure pour le l'essai entre extrémités (End-To-End)

En principe, les deux devraient donner des résultats similaires, mais l'utilisateur doit préciser la mise en place du test FRA utilisée et à conserver ces informations avec les données de test, depuis qu'elles vont influencer les résultats.

4.1.3. Essais entre extrémités (secondaire en court-circuit)

Cet essai est similaire à l'essai entre extrémités au-dessus, mais avec un enroulement sur la même phase étant court-circuité. Le but de ce test est de vérifier l'état du circuit magnétique et des enroulements primaire du transformateur avec suppression des capacités secondaires.

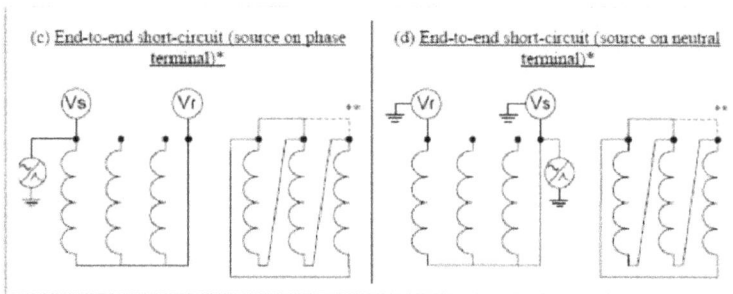

Figure4.24 : Schéma de mesure pour le l'essai entre extrémités (Court-circuit)

De telles mesures permettent d'éliminer l'influence du noyau pour des fréquences au-dessous de 10-20 KHz, dans ce cas la réponse en basse fréquence est caractérisée par la réactance de fuite au lieu de la réactance de magnétisation et la réponse en haute fréquence est similaire à celle obtenue précédemment.

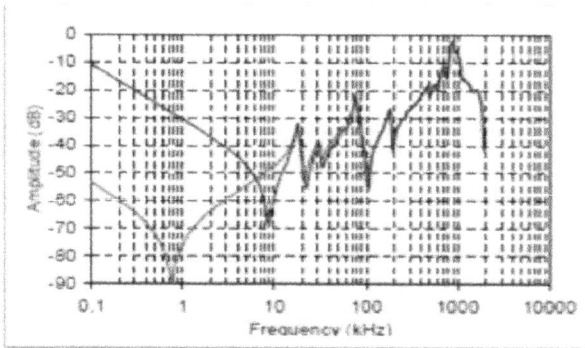

Figure4.25 : Comparaison entre la réponse de l'essai « End To End » ouvert et court-circuit

L'enroulement en court-circuit peut être laissé au potentiel flottant ou bien mis à la terre. Pour les transformateurs triphasés, il y'a deux niveaux de variations, soit avec un court-circuit par phase soit avec un court-circuit triphasé. Cet essai peut être réalisé en raccordant la source soit à l'extrémité coté phase soit à l'extrémité coté neutre.

Il est préférable d'utiliser ce test, lorsque l'on veut avoir des informations concernant l'impédance de fuite à basse fréquence, ou éliminer les incertitudes liées à l'analyse de l'influence du noyau quand il existe un magnétisme résiduel.

4.1.4. Essai capacitif entre enroulements

Dans ce test, le signal est appliqué à une extrémité d'un enroulement et la réponse est mesurée à une extrémité d'un autre enroulement sur la même phase (non relie au premier)

Par définition ce test n'est pas possible pour les enroulements en séries et communs d'un autotransformateur. La réponse en utilisant cette configuration est dominée à basse fréquences par la capacité entre-enroulements. Ce test a pour but de visualiser les déformations radiales.

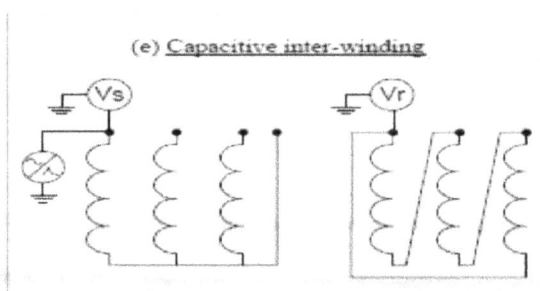

Figure4.26 : Schéma de mesure pour le l'essai capacitif entre enroulements

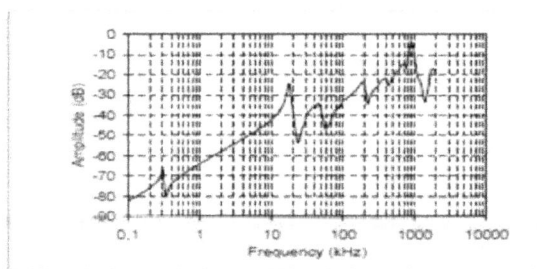

Figure4.27 : exemple de la réponse de l'essai capacitif entre enroulement

4.1.5. Essai inductif entre enroulements

Le signal est appliqué à une borne du côté haute tension et la réponse est mesurée sur la borne correspondante côté basse tension, avec les autres extrémités des deux enroulements étant mises à la terre. Ce test a pour but de visualiser les déformations axiales et les écroulements de bobinages. La gamme de basses fréquences de ce test est déterminée par le rapport de nombre de spires des enroulements.

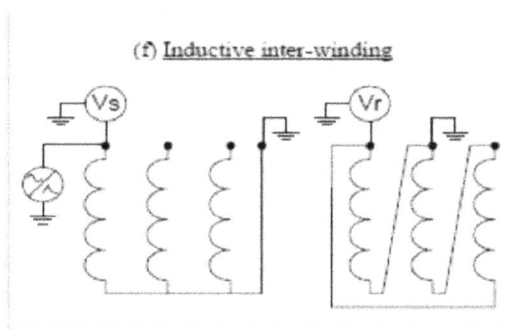

Figure4.28 Schéma de mesure pour le l'essai inductif entre enroulements

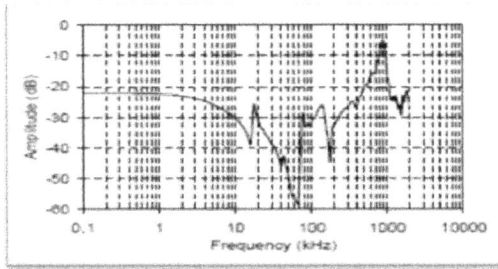

Figure4.29 : Exemple de la réponse de l'essai inductif entre enroulement

4.2. Equipement de mesure FRAX 101

4.2.1. Description et spécifications du FRAX 101

➤ Description :

FRAX 101 est un analyseur pour le diagnostic des enroulements des transformateurs de puissance. Le FRAX 101 mesure la réponse au balayage de fréquence des enroulements d'un transformateur sur une large plage de fréquences et compare cette réponse à celle du même enroulement en état sein.

Les écarts de la réponse en fréquence permettent de révéler de nombreux types de défauts différents sur les enroulements et le noyau magnétiques du transformateur.

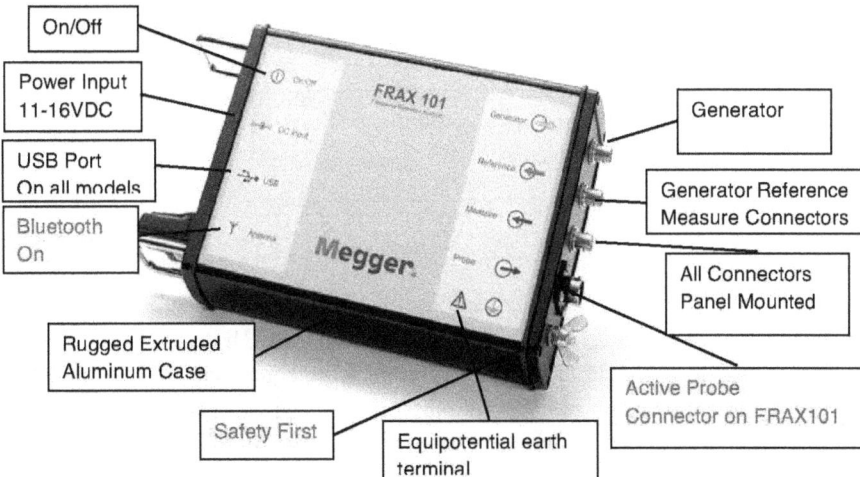

Figure 4.30: Equipement de mesure FRAX 101

➢ **Spécifications :**
- Gamme de fréquence (étendue) : 1 Hz - 10 MHz (0,1 Hz - 25 MHz), sélectionnable
- Nombre de points : sélectionnable par l'utilisateur, au maximum 32 000
- Portée dynamique / bruit de fond : **>-125**
- Précision : ± **0,5** dB jusqu'à **-100** dB
- Intervalle de calibration : 3 ans au maximum
- Tension de mesure à 50 Ohm : 0,1 à 10 V crête à crête
- Impédance d'entrée & Impédance de sortie : 50 Ohms
- Température ambiante de fonctionnement: -20 ° à 50 ° C, Bluetooth 0 ° à 50 ° C
- Humidité relative de fonctionnement : <90% sans condensation
- Température ambiante hors fonctionnement : -20 ° à 70 ° C
- Humidité relative hors fonctionnement : <90% sans condensation

Normes CE: IEC61010 (LVD) EN61326 (CEM)

4.2.2. La mise en service du FRAX 101

La procédure de mise en service se déroule comme suit :

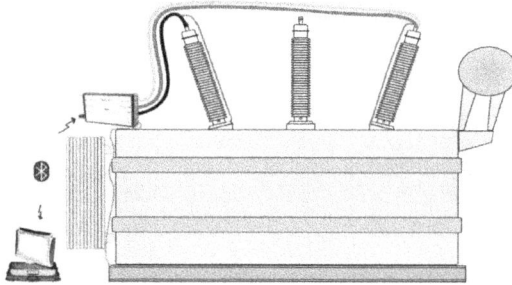

Figure 4.31: La mise en service du FRAX 101

- Raccordez respectivement les câbles coaxiaux jaune, rouge et noir aux connecteurs GENERATOR, REFERENCE et MEASURE du FRAX 101.
- Raccordez le câble de terre à la borne de terre équipotentiel (Equipotential Earth Terminal) et pincez l'autre extrémité à la cuve du transformateur. Le câble de terre devrait être la première connexion faite et la dernière connexion enlevée.

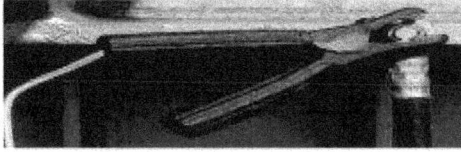

Figure 4.32: Raccordement à la terre du FRAX 101

- Connectez l'adaptateur AC/DC au FRAX et à une source d'alimentation ou bien utiliser l'alimentation optionnelle de la batterie.
- Si vous n'utilisez pas la communication Bluetooth, branchez le câble USB au FRAX et votre ordinateur.

4.3. Consignation du transformateur

Avant de raccorder un câble de test quelconque au transformateur à tester, observez toujours les règles de sécurité suivantes :

- Le transformateur à examiner doit être déconnecté du réseau électrique associé à toutes les bornes (ligne et neutre), sauf les services auxiliaires pour les changeurs, les pompes, les ventilateurs…
- Le transformateur à examiner devrait être dans son état normal de service, c'est-à-dire entièrement monté et rempli d'huile.
- Le noyau du transformateur devrait être exempt de magnétisme résiduel, car celui-ci influence sur les résultats d'essai de FRA à basses fréquences. Si le magnétisme est extrême, il sera nécessaire de démagnétiser le noyau avant l'essai de FRA.
- Les essais à courant continu, et la mesure de la résistance des enroulements, peuvent causer le magnétisme résiduel, par conséquent les essais de FRA devraient être réalisés avant tous les essais à courant continu.
- L'ouverture des sectionneurs de barres est obligatoire.
- Condamnation des sectionneurs de barres en position ouverte.
- Vérification d'absence de tension.
- Mise à la terre des liaisons (cordes ou câbles).
- Déconnexion des liaisons sur les bornes de traversées.
- Ne touchez aucune borne qui n'est pas visiblement connectées à la terre.
- Les sections adjacentes au transformateurs doivent être mises à la terre, afin d'éviter tout risque d'induction.
- Les secondaires des TC internes (et externes) du transformateur doivent être court-circuités ou connectés à une protection.

- Le régleur en charge doit être dans la position qui utilise le plus grand nombre de spires de l'enroulement.
- Dans l'idéal, il faudrait faire les mesures au max, min. et milieu du régleur en charge pour faciliter la localisation des défauts.

4.4. Raccordement du FRAX 101 au transformateur de puissance

Le raccordement du FRAX 101 au transformateur de puissance se fait comme suit :

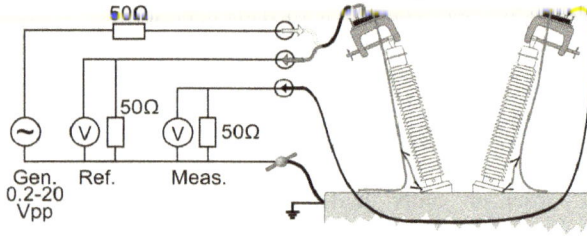

Figure 4.33: Circuit de raccordement du FRAX au transformateur

1) Fixez une pince de mesure (C-clamp) sur la borne de référence de la traversée du transformateur.

Le choix de la borne de référence se fait comme suit :

- ✓ Couplage étoile : injection sur la borne neutre N à travers les deux câbles (jaune et rouge)
- ✓ Couplage triangle : injection sur une phase à travers les deux câbles (jaune et rouge)

2) Raccorder les câbles coaxiaux jaune et rouge via un adaptateur livré au connecteur de la pince (C-clamp).

3) Raccorder les tresses en aluminium à la pince pour borne de traversée à l'aide des vis et serrer les vis à fond.
   Vérifier que les tresses de terre ne sont pas en contact avec la tête de la traversée

Support de câble (soulagement de traction)

Câble coaxial provenant du FRAX
Générateur (jaune), Référence (rouge)
Tresse de masse reliée à la masse. Gardez la
tresse droite le long de la traversée et la
masse de la tresse à la base de la traversée.
Assurez une bonne connexion.
Les 50 premiers centimètres de la tresse sont
isolés pour éviter toute connexion électrique
à la traversée.

Figure 4.34: Raccordement des câbles d'injection

4) Raccordez les tresses en aluminium à la cuve du transformateur en utilisant les pinces (G-clamp) à vis. Assurez-vous que toutes les pinces et les tresses sont vissé à fond et qu'il existe un contact électrique entre les pinces et la cuve du transformateur. En cas de doute, décapez la couche de vernis à l'aide de la lime livrée.

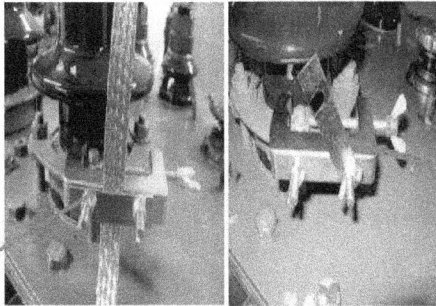

Placez la tresse entre la pince et la plaque de tresse. Serrer la tresse afin de créer une ligne droite de la pince de traversée à la pince de terre. Serrer les écrous à oreilles.

Pour attacher et serrer la tresse, ouvrez la plaque tresse en desserrant les écrous à oreilles.

Figure 4.35: raccordement de la tresse à la cuve   Figure 4.36: attachement de la tresse

5) Fixer une autre pince (C-clamp) sur la borne de mesure de traversée du transformateur.

6) Raccorder le câble coaxial noir au connecteur sur la pince.

Support de câble (soulagement de traction)

Câble coaxial de FRAX (Mesure)

Tresse de masse reliée à la masse.

Gardez la tresse droite le long de la traversée et la masse de la tresse à la base de la traversée. Assurer une bonne connexion à la terre à l'aide de la pince (G-clamp).

Figure 4.37: raccordement du câble de mesure

7) Pour mettre à la terre la pince (C-clamp), répéter les étapes 3 et 4.

Remarque :

La tresse de masse doit aller de l'extrémité de la pince (C-clamp) vers le bas de la traversée avec le plus court chemin. Bonne connexion à la terre est essentielle pour des résultats fiables.

La plus part des transformateurs ont des traversées de longueur inférieure à 3m, dans le cas inverse il faudra raccorder deux tresses comme indiquée ci-dessous.

Figure 4.38 raccordement de deux tresses

4.5. Paramétrage des mesures grâce au logiciel FRAX

Le paramétrage du FRAX consiste à définir le transformateur ainsi que la mesure. Il permet aussi d'avoir une base de données pouvant contenir toutes les mesures effectuées.

La préparation des mesures doit passer par les étapes suivantes :

- Mise sous tension du FRAX 101.
- Démarrage du logiciel FRAX sur le PC
- Connexion du FRAX 101 au PC :

❖ Si vous utilisez la communication Bluetooth:

Établir une communication Bluetooth, vous pouvez aussi consulter la description détaillée de la communication sans fil Bluetooth. Habituellement, il vous sera attribué un numéro de port série, par exemple, 8 qui doit être utilisée lorsque FRAX établit la connexion. Notez que le logiciel FRAX se souvient du dernier port utilisé.

❖ Si vous utilisez la communication USB:

Connecter le câble USB à l'ordinateur et à l'appareil FRAX.

- Se connecter en cliquant sur le bouton « Connect (F7) ». Si la connexion est mise en place correctement le nom de la fenêtre va changer de «FRAX (Déconnecté)" à FRAX (Connecté), sinon vous obtiendrez un message d'erreur indiquant ce qu'il faut faire.

 ⤺ **Créer un nouveau test :**

Un test commence par la création d'une séquence de balayage et le sauvegarde des données. Utilisez la commande "Nouveau test" dans le menu Fichier ou l'utilisation de Ctrl + N ou l'utilisation de la touche "Nouveau test". La fenêtre "type de mesure" apparaîtra, sélectionnez un onglet de votre choix:

> **Quick Test :**

Ce test fait un balayage unique avec le label de balayage de votre choix.

> **Multiple sweeps:**

Permet de sélectionner un modèle de test prédéfini « Groupes de balayage ».

> **Use Measurement as Template :**

Permet d'utiliser une mesure antérieure en tant que modèle pour une nouvelle mesure.

4.6. Test de vérification du système

Les cordons de test doivent être vérifiés pour assurer la continuité et l'intégrité avant de les utiliser. Les meilleurs moyens pour vérifier l'intégrité des conducteurs et le bon fonctionnement de l'équipement est d'effectuer la « Self Check » FRA à l'aide d'un objet de test standard. Cette vérification est particulièrement utile pour vérifier l'équipement de test FRA, car il n'y a généralement pas de façon intuitive pour savoir si l'équipement de test est donnant des résultats corrects lors de mesures sur le terrain.

Le schéma ci-dessous montre les résultats de mesures du test.

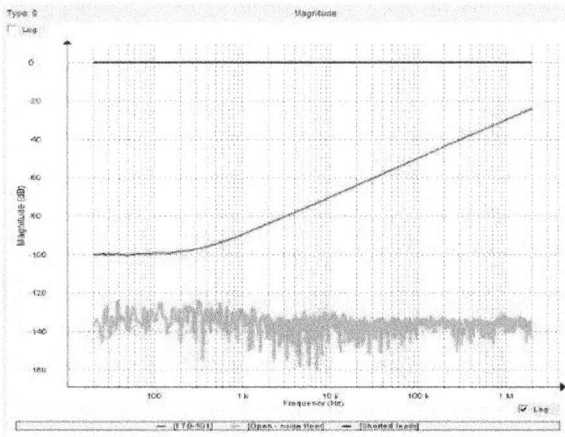

Figure 4.39: Résultats du test de vérification du système

Résultats de mesure de court-circuit (noir),
La mesure en circuit ouvert à l'aide FRAX-101 (vert)
La mesure avec FTB-101 (rouge).

- Un test simple pour vérifier l'intégrité de cordons de test est un test de court-circuit. Il suffit de brancher la "Source" / "de référence" et "Mesure" clip, et relier la mesure correspondante terre / masse ensemble. Le résultat devrait être une ligne presque droite autour de 0 dB (noir).

- Une mesure en circuit ouvert devrait, en théorie, fournir une 0-réponse, soit une moins l'infini en réponse dB. Cependant, tous les systèmes de mesure ont un bruit interne et les cordons ajouteront également une réponse à partir des extrémités des pinces ouvertes. Séparer la pince "Source" / "référence" de la pince "mesure". Les pinces se donneront une certaine influence à plus hautes fréquences, si vous débranchez le câble coaxial "Mesure" à partir de la pince, vous verrez le bruit dans le système de mesure (vert).

Figure 4.40: FTB 101

FTB-101 est une boîte de test sur le terrain qui est destinée à être utilisée pour vérifier les cordons et les équipements tel que recommandé par CIGRE. Utilisez le FTB-101 et faire un balayage de test. Si le branchement et l'équipement est en bon état de fonctionnement, le balayage doit se présenter comme l'image. Vous pouvez comparer les résultats avec le fichier FTB-101.frax qui est livré avec le logiciel FRAX.

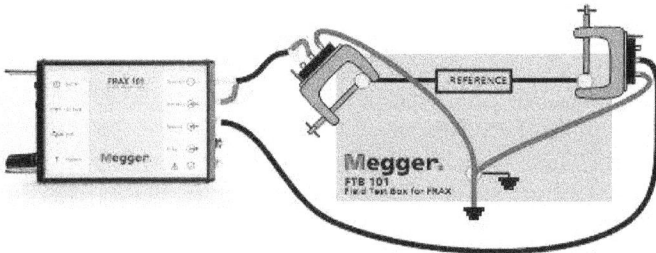

Figure 4.41: Circuit de mesure du test de vérification à l'aide du FTB 101

Reliez la pince "Source" / "référence" au connecteur de gauche, et la tresse de la pince au connecteur jusqu'au connecteur inférieur. Connectez la pince "Mesure" au connecteur de droite, et la tresse de la pince jusqu'au connecteur inférieur. Connecter également le connecteur inférieur à la masse sinon le système sera confrontés à quelques interférences.

Des informations détaillées sur la mise en service de l'essai doivent être enregistrés avec les données de test. Cela aidera à reproduire les mesures pour de futurs tests. Des photos détaillées sont recommandés. Chaque résultat d'analyse doit être immédiatement vérifié, en terme de plausibilité et par rapport aux attentes (et des références disponibles). Une courbe très bruitée est presque une indication pour mauvaise mise à la terre.

Il est important de reconnaître les erreurs de mesure sur site et de répéter le test après avoir terminé les corrections nécessaires.

Lancer la mesure en appuyant sur le bouton Démarrer, F9-clé ou en sélectionnant Démarrer dans le menu Fichier.

5. Interprétation des résultats

L'interprétation de la réponse SFRA demande une certaine expérience. Cependant, on peut exploiter certains résultats connus pour tirer des conclusions générales.

Dans le reste de ce chapitre, nous allons exploiter ces résultats à fin d'élaborer un outil d'aide à l'interprétation.

L'interprétation repose sur une analyse comparative, qui consiste à comparer les résultats réels du test aux données de références, et Pour générer ces données de références il y'a trois approches :

- Les mesures d'empreintes antérieures du même transformateur
- Les mesures des phases mesurées séparément
- Les mesures d'un transformateur identique

5.1. Présentations des résultats FRA

Pour la présentation des résultats de la FRA, plusieurs types de schéma sont possibles, les plus fréquents sont l'amplitude contre la fréquence, et complété parfois par les courbes de phases. Le mode de présentation dépend de la plage d'amplitude ou de la fréquence qui est d'un intérêt particulier.

L'échelle logarithmique en amplitude (dB) est préférable lorsqu'il y a une déviation d'amplitude sur une large plage (a et b).

L'échelle linéaire en amplitude donne plus de détaille lorsque la valeur de l'amplitude est élevé

L'échelle linéaire en fréquence met l'accent sur les hautes fréquences (au-delà de 100Khz) tandis que l'échelle logarithmique donne le même poids d'importance à tous les décades.

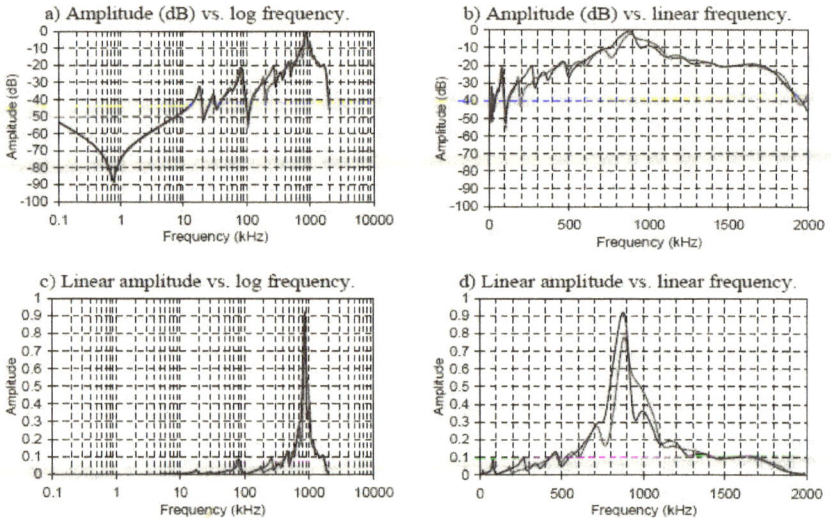

Figure 4.42: les modes de présentations des résultats

En règle générale, pour obtenir un aperçu des résultats de FRA, doubles échelles logarithmiques semble approprié. Pour plus de détails dans la gamme de fréquence supérieure, échelle de fréquence linéaire peut être utilisée.

Pour plus de détails dans les sections augmentation d'amplitude, une échelle d'amplitude linéaire est recommandée.

5.2. L'analyse de corrélation

Les résultats pour les trois premières combinaisons de balayages sélectionnés s'affichent dans une table en haut. Si plus de trois balayages sont sélectionnés, l'analyseur affiche uniquement les trois premiers. Les calculs sont effectués automatiquement et la «Conclusion» est présentée dans le tableau.

L'Analyseur DL/T911-2004 calcule la fonction du facteur relatif Rxy pour les trois différentes gammes de fréquences (1 kHz à 100 kHz, 100kHz-600kHz et 600kHz à 1MHz) selon les équations en A1, A2, A3 et A4. La valeur de chaque gamme de fréquence est assignée à un "Degré de déformation d'enroulement".

Notez que RHF <0,6 n'est pas assignée à un « degré de déformation d'enroulement ».

X(k) et Y(k) sont les séquences des réponses en fréquences comparables, de longueur N

83

A.1 : Calcul de la variance standard des deux séquences :

$$D_x = \frac{1}{N}\sum_{K=0}^{N-1}\left[X(k) - \frac{1}{N}\sum_{K=0}^{N-1}X(k)\right]^2 \qquad D_y = \frac{1}{N}\sum_{K=0}^{N-1}\left[Y(k) - \frac{1}{N}\sum_{K=0}^{N-1}Y(k)\right]^2 \qquad (4.4)$$

A.2 : Calcul de la covariance des deux séquences :

$$(4.5)$$

$$C_{xY} = \frac{1}{N}\sum_{K=0}^{N-1}\left[X(k) - \frac{1}{N}\sum_{K=0}^{N-1}X(k)\right]^2 \times \left[Y(k) - \frac{1}{N}\sum_{K=0}^{N-1}Y(k)\right]^2$$

A.3 : Calcul du facteur de covariance normalisé des deux séquences : $\qquad (4.6)$

$$LR_{xy} = C_{xy} / \sqrt{D_x D_y}$$

$$(4.7)$$

A.4 : Calcul du facteur relatif Rxy :

$$R_{xy} = \begin{cases} 10 & 1 - LR_{xy} < 10^{-10} \\ -\lg(1 - LR_{XY}) & others \end{cases} \qquad \text{Autre}$$

Evaluation du degré de déformation des enroulements du transformateur.
Le degré de déformation des enroulements est jugé selon les valeurs du facteur relatif :

Winding Deformation degree	Relative Factors *R*
Severe Deformation	$R_{LF} < 0.6$
Obvious Deformation	$1.0 > R_{LF} \geq 0.6$ or $R_{MF} < 0.6$
Slight Deformation	$2.0 > R_{LF} \geq 1.0$ or $0.6 \leq R_{MF} < 1.0$
Normal Winding	$R_{LF} \geq 2.0$, $R_{MF} \geq 1.0$ and $R_{HF} \geq 0.6$

R_{LF} represents the relative factor when the curve is in low frequency band (1kHz~100kHz);
R_{MF} represents the relative factor when the curve is in medium frequency band (100kHz~600kHz);
R_{HF} represents the relative factor when the curve is in high frequency band (600kHz~1000kHz).

Figure 4.43: La norme DL/T911-2004 pour L'analyse de corrélation

5.3.Interprétation des résultats

Afin d'améliorer l'interprétation des résultats, il est utile de diviser les gammes de fréquences. Les définitions suivantes sont prises d'un document publié lors de la session Cigré 2004:

> ➤ Fréquence <10 kHz:

Dans cette gamme de fréquences, on trouve des phénomènes liés avec le noyau du transformateur et circuits magnétiques. Cependant, on doit tenir compte de l'aimantation rémanente qui peut modifier légèrement la réponse obtenue dans cette gamme.

Les problèmes détectables dans cette gamme sont: les défauts de bobine, les interruptions d'enroulement et les problèmes de circuits magnétiques.

➢ Fréquence de 5 kHz à 500 kHz:

Dans cette gamme de fréquences, on peut détecter des phénomènes liés à des déformations radiales entre enroulements.

➢ Fréquence > 200 kHz:

Dans cette gamme de fréquences, les déformations axiales de chaque enroulement sont simples à détecter.

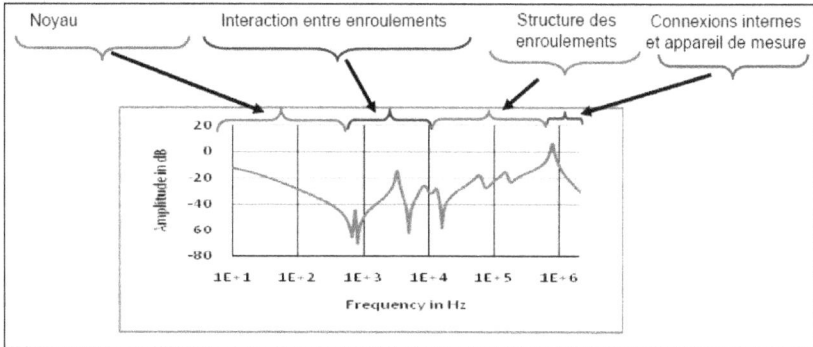

Figure 4.44: Défauts de transformateur selon les de fréquences

Pour l'interprétation, on s'est basé sur un document intitulé « Facilities Instructions, Standards, And Techniques»

En général, les traces vont changer de forme et être déformées dans la gamme des basses fréquences (moins de 5000 Hz) s'il y a un problème dans le noyau.

• Les traces seront déformées et changent de forme dans des fréquences plus élevées (au-dessus 10.000 Hz) s'il y a un problème d'enroulement.

• Les changements de moins de 3 décibels (dB) par rapport aux traces de base sont normaux et tolérables. Du 5 Hz à 2kilohertz (kHz), les changements de + ou - 3 dB (ou plus) peut indiquer des courts-circuits, un circuit ouvert, une induction résiduelle, ou un mouvement du noyau.

• De 50 Hz à 20 kHz les changements de + / - 3 dB (ou plus), entre les deux courbes peuvent indiquer un mouvement significatif d'un enroulement par rapport à l'autre.

• De 500 Hz à 2 MHz, les changements de + / - 3 dB (ou plus) peuvent indiquer la déformation d'un enroulement.

• De 25 Hz à 10 MHz, les changements de + / - 3 dB (ou plus) peuvent indiquer des problèmes dans les conducteurs des enroulements et/ou dans les câbles de mesure.

- Une conclusion généralement acceptée (par expérience), c'est que les décalages de fréquence (également les plus petites) entre les courbes de réponse SFRA est un indicateur de défaut. Une autre conclusion est que la différence de l'atténuation en dessous de 3 dB est souvent le résultat de causes non pertinentes, et non pas une indication des dommages graves.

5.4. Facteurs influençant les résultats du test FRA

5.4.1. Effet de la Magnétisation résiduelle sur le noyau

L'aimantation du noyau peut affecter les résultats de FRA en raison de différentes densités de flux résiduels dans le noyau du transformateur. En règle générale, cet effet doit être pris en considération. À des fréquences plus élevées, des courants de Foucault empêchent la pénétration du champ magnétique dans les tôles individuelles de l'empilage du noyau.

La figure ci-dessous montre les résultats de la FRA sur un transformateur avant et après un test de résistance d'enroulement à courant continu. Aimantation résiduelle conduit à abaisser l'inductance magnétisante, et par conséquent, une augmentation de la fréquence de la première résonance principale de la courbe FRA. Pour des fréquences plus élevées, les résultats de FRA sont identiques.

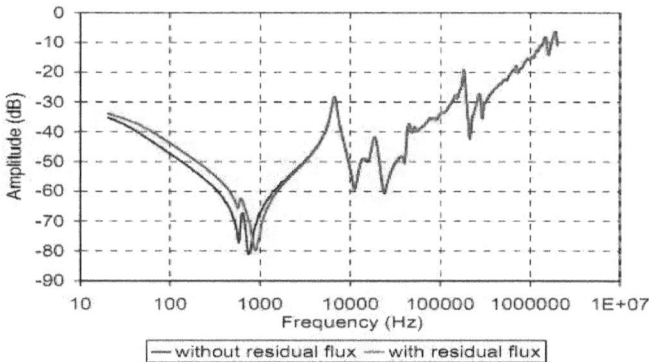

Figure 4.45: Effet de la Magnétisation résiduelle sur le noyau

Afin d'atteindre la plus haute comparabilité des résultats de FRA en dessous de 10 kHz, l'état magnétique du transformateur doit être identique. Soit les données inférieures à 10 kHz peuvent être négligées, ou l'effet des propriétés d'aimantation du noyau non-identiques pour les résultats de FRA peut être minimisé par l'une des méthodes suivantes:

- Effectuer l'essai entre extrémités (secondaire court-circuité).
- Effectuer l'essai inductif entre enroulements.

5.4.2. Effet de la position du régleur sur divers types de test FRA

L'effet de la position du régleur en charge (max vs max-1) a été étudié pour plusieurs types de tests: entre extrémités, capacitif entre enroulements et inductif entre enroulements.

L'essai entre extrémités est le test le plus sensible suivie par l'essai inductif entre enroulements. L'essai capacitif entre-enroulements est pratiquement insensible à la position de prise.

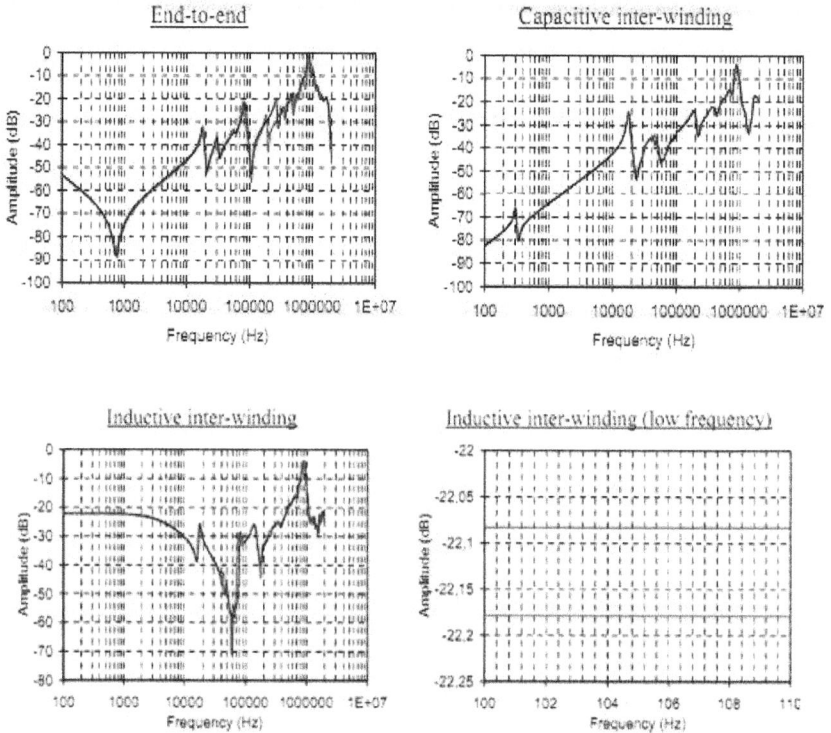

Figure 4.46: Effet de la position du régleur sur divers types de test FRA

Le rapport de transformation peut être calculé à partir de l'essai inductif entre enroulements.

5.4.3. Influence de niveau de tension appliqué

L'influence de la tension appliquée est plus importante dans les enroulements BT et particulièrement dans les basses fréquences, cependant cette différence n'est pas synonyme de défauts. Il est recommandé d'utiliser le même niveau de tension (10V) dans toutes les mesures FRA.

87

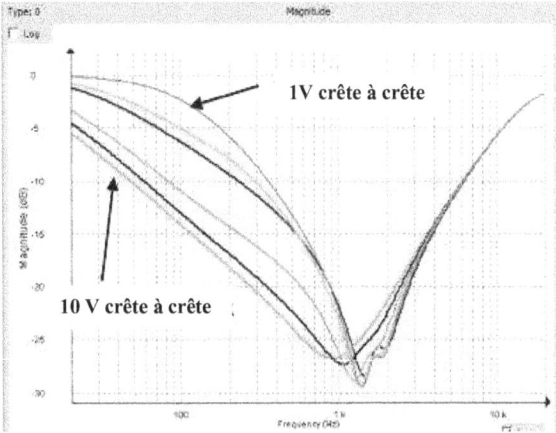

Figure 4.47: Influence de niveau de tension appliqué

5.4.4. L'effet de la phase intérieure dans les résultats de FRA

La différence entre la phase intérieure et les autres phases dans les basses fréquences est normale. En effet, le chemin de retour du flux pour les transformateurs à 3 noyaux (à flux forcés) qui est à l'origine de cette différence.

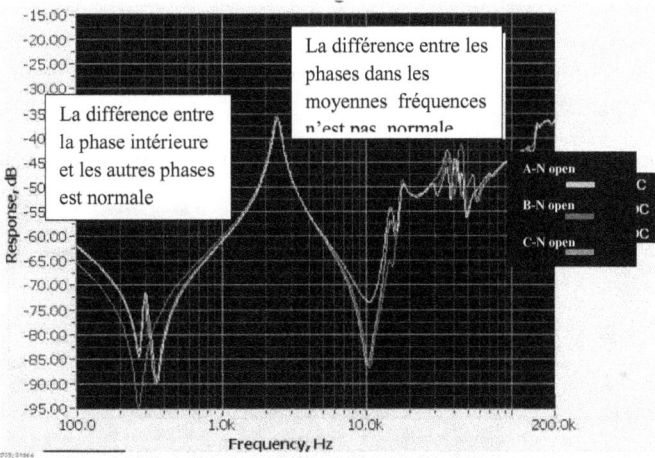

Figure 4.48: L'effet de la phase intérieure dans les résultats de FRA

6. Etude de cas

6.1. Déviation due à la déconnexion de la terre du noyau

Un défaut de déconnexion de la terre du noyau aura comme résultat de test FRA l'allure (rouge) présentée ci-dessous. Nous constatons qu'il y a un déplacement à gauche du premier pic de résonance.

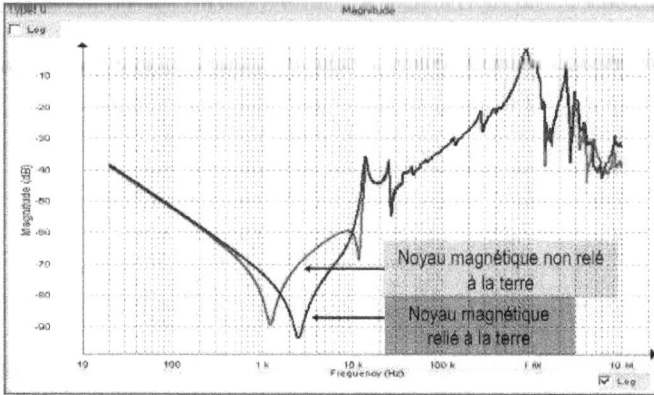

Figure 4.49: Déviation due à la déconnexion de la terre du noyau

6.2. Défauts de compressions des enroulements (Hoop Buckling)

Dans ce cas de défauts, il faut s'attendre à une augmentation dans la combinaison LC, ce qui implique un décalage à gauche des résonances dans la gamme des moyens fréquences

Exemple : transformateur de 28 MVA, une mauvaise phase a été détectée coté BT

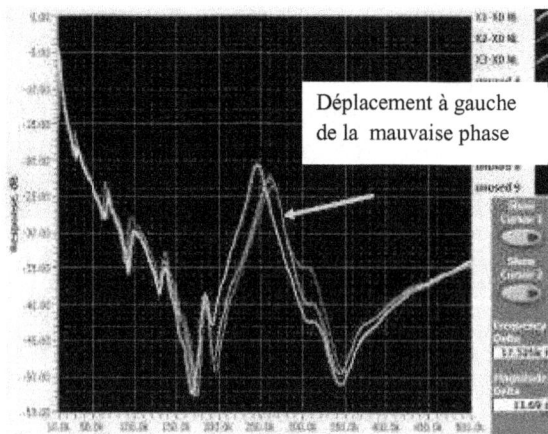

Figure 4.50: Résultats de défaut de compression des enroulements

L'inspection interne du transformateur montre que la phase suspectée par le test FRA était l'objet d'une compression. L'enroulement du transformateur était plié mais pas cassé.

Figure 4.51: Défaut de compression des enroulements

6.3. Défaut de serrage des enroulements

Pour ce type de défaut, on se réfère au cas d'un transformateur de 750 MVA.

La phase intérieure montre un déplacement des premières résonances dans les basses fréquences.

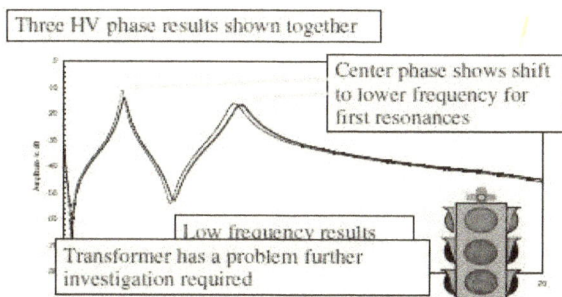

Figure 4.52: Résultats des défauts de serrage des enroulements

Un défaut à proximité du centre de l'enroulement a causé la saute et la rupture du serrage. Le blindage a tombé sur l'enroulement, la modification de capacité et le blindage s'est effondré au centre de la phase.

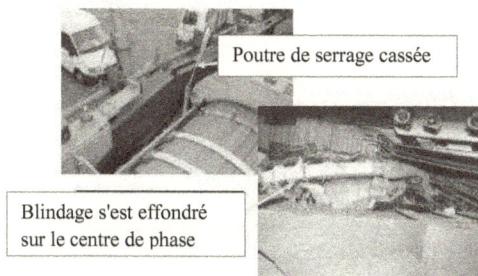

Figure 4.53: Défauts de serrage des enroulements

6.4. Déformation axial des enroulements

Le mode de défaillance est la réduction en combinaison LC. Les résonances devraient se déplacer à droite dans les hautes fréquences comme une conséquence de réduction LC.

Support dispersé sous un enroulement effondré

Figure 4.54: Déformations axiales des enroulements

Pour détecter un tel défaut, il faut aller au moins jusqu'à 1MHz dans le test FRA, on aura aussi besoin d'une répétabilité de ± 1 dB et assurer la fiabilité des résultats afin d'éviter un défaut négatif.

La déformation de l'enroulement est une défaillance irréversible et le remplacement de l'enroulement endommagé peut être le seule remède.

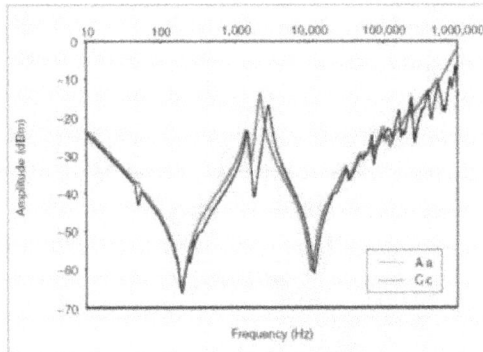

Figure 4.55: Simulation des déformations axiales des enroulements

6.5. Déformation radiale des enroulements

Dans ce type de défaut, le changement se traduit dans les moyennes fréquences par une augmentation de l'ampleur des résonances, et dans les hautes fréquences par un déplacement à droite des pics de résonances.

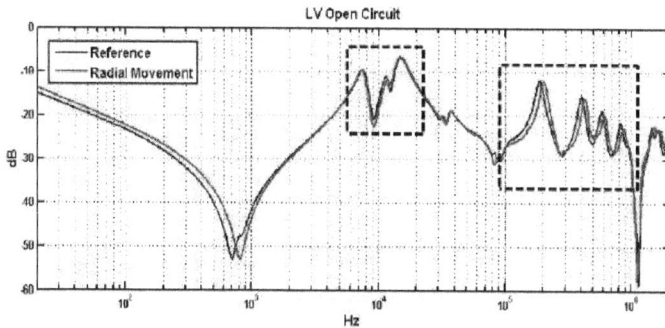

Figure 4.56: Déformations radiales des enroulements

6.6. Reconnaissance des défauts et tests complémentaires recommandés

L'ensemble des essais Benchmark qui ont été fait autour de la FRA, ont permis d'établir un guide à la reconnaissance des défauts, qui est présenté par le tableau suivant:

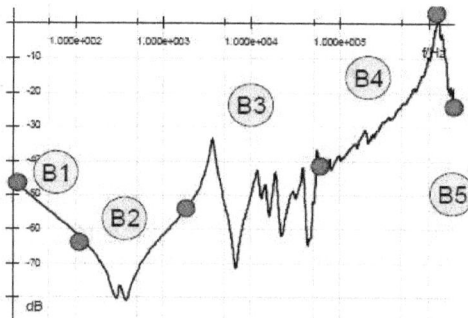

Figure 4.57 : Répartition de la courbe FRA selon les types de défaut

---

92

Partie IV : Etablissement d'un outil d'interprétation des résultats de FRA

Nature de défaut	Type de défaut	B1	B2	B3	B4	B5	Test complémentaires
Défaut électrique et thermique	Court-circuit entre spires						rapport, courant d'excitation, résistance d'enroulement
	Court-circuit à la terre						tan delta (CHG)
	Circuit ouvert						résistance d'enroulement
	Mauvaise résistance de contact						résistance d'enroulement
	Court-circuit entre cables						résistance d'enroulement, tan delta (CHL)
	Court-circuit entre couches						courant d'excitation
	Entrefer entre couches						courant d'excitation
Défaut dans le noyau	Mise à la terre multiple						tan delta (CH, CL)
	Noyau déconnecté de la terre						tan delta (CH, CL)
Bascullement des spires							Réactance de fuite
Pliages des spires							Réactance de fuite
Mouvement axial	Déplacement axial d'enroulements						Réactance de fuite
Déformation radiale	Flambage (Buckling)						Réactance de fuite, FRA en court-circuit et inter-enroulement

■ Zone de présence du défaut sur la courbe FRA

☐ Zone probable de la présence du défaut sur la courbe

Conclusion

Dans ce chapitre nous avons mené une investigation afin d'analyser la réponse fréquentielle des enroulements des transformateurs de puissance.

Les défauts dans les enroulements peuvent être déduits des changements de l'allure de la réponse, de l'apparition, du déplacement ou de la disparition des pics de résonance.

Chaque gamme de fréquence correspond à un certain type de défauts, et ceci pourra être supporté par des essais complémentaires afin de s'assurer de l'existence du défaut.

Partie V :
Etude de cas

Partie V : Etude de cas

Introduction

On présente dans cette partie une intervention sur un transformateur de puissance à la centrale électrique de Jorf Lasfar JLEC, lors de cette intervention on a réalisé des essais réels sur un transformateur de grande puissance 400 MVA.

On va présenter aussi une étude complémentaire d'un projet réel de grande dimension. Ce projet consiste aux travaux de fourniture, transport, montage, assistance à la mise en service et puis essais de trois transformateurs de puissance (225/63/11kV 100MVA) au poste Brouje région khouribga.

1. Diagnostic du transformateur JLEC

Lors de ce stage de fin d'études au sein d'ALSTOM Grid unité service on a assisté à une intervention très intéressante sur un transformateur de puissance 400KV sur lequel on a réalisé différents essais.

1.1 Identification de l'équipement à inspecter

L'expertise a concerné le TR2 de la centrale thermique JLEC de caractéristiques

- ✓ Identification : 02GEV003AR
- ✓ N° de série : 224997-02
- ✓ Année de fabrication : 1993
- ✓ Puissance assignée 400 MVA
- ✓ Fréquence : 50 Hz
- ✓ Tension assignée : 225/22 KV
- ✓ Couplage : Etoile
- ✓ Refroidissement : ONAF
- ✓ Masse total : 302 Tonnes
- ✓ Masse huile : 51 Tonnes
- ✓ Usine d'Origine : AlSTOM SAINT OUEN France
- ✓ REGLEUR HORS CHARGE : OUI 1 A 5 positions

Position régleur	Tension primaire (V)	Tension secondaire (V)	Puissance (MVA)
1	22 000	236 250	400
2	22 000	230 620	400
3	22 000	225000	400
4	22 000	219380	400
5	22 000	213750	400

Tbleau5.1: Positions du régleur en charge

Partie V : Etude de cas

1.2 Historique

1.2.1 L'incident du 21 Janvier 2012

Suite à l'incident survenu le 21 Janvier 2012 sur le transformateur principal N°2 qui s'est traduit par le déclenchement du relais Buchholz, ALSTOM Grid a programmé une mission avec JLEC pour l'inspection du transformateur sous avarie.

1.2.2 L'inspection du 23 Janvier 2012

Après des tests, mesures et diagnostique il semble que le bobinage est sain pour les trois phases 225 KV ainsi que les trois phases 22 KV.

Le rapport de diagnostic établit par Alstom Grid a demandé de procéder au décuvage du transformateur afin de confirmer la validité du bobinage et de l'isolation. Puis entamer un nettoyage profond du bobinage et l'intérieure de la cuve transformateur.

1.2.3 Décuvage du transformateur

Lors de l'opération de décuvage les actions correctives suivantes ont été opérées :

- Vidange du transformateur dans les citernes
- Conditionnement du transformateur par Azote et Oxygène
- Découpage et nettoyage de la cuve
- Rinçage du bobinage avec l'huile neuve traitée
- Inspection approfondie du bobinage
- Mesure de rapport transformateur par TTR 320/47
- Mesure de la résistance des enroulements par Micromètre MEGGER MTO 210
- Mesure d'isolement par MEGGER MIT 1020/47 10 KV
- Essais de mesure du facteur de puissance de transformateur par DELTA 3000
- Essais de mesure du facteur de puissance de traversée par DELTA 3000
- Mesure de réactance de fuite par MLR 10
- Mesure de courant d'excitation par DELTA 3000
- Fermeture de la cuve du transformateur avec nouveaux joint de cuve
- Soudure du la cuve sur la cloche sous injection de gaz N2
- Mise-sous azotes N2
- Remplissage avec l'huile neuve traitée inhibée de marque NYNAS
- Traitement et analyse d'huile

Partie V : Etude de cas

1.2.4 Tests du transformateur TP2 durant le décuvage

Après l'opération de décuvage, Rinçage et nettoyage de la partie active du transformateur TP2, Alstom Grid a entamé les mesures sur le transformateur sans huile.

Les essais qui peuvent être réalisées sur un transformateur sans huile sont :
- Mesure de rapport de transformateur sur 5 positions
- Mesure de courant d'excitation sur 5 positions
- Mesure de la résistance des enroulements
- Analyse de DPV degré de polymérisation
- Contrôle par vidéo-endoscopique

Après le remplissage du transformateur avec l'huile diélectrique les essais suivants sont réalisés sur le transformateur :
- Mesure de rapport de transformateur sur 5 positions
- Mesure de courant d'excitation sur 5 positions
- Mesure de la résistance des enroulements
- Mesure du courant d'excitation
- Mesure du facteur de dissipation (tanδ)
- Mesure de l'impédance de court-circuit & de la réactance de fuite
- Analyse du papier isolant du transformateur
- Analyse de la réponse en fréquence (SFRA)

1.3 Appareils de mesures utilisés

Lors de ces essais, nous avons utilisés les appareils suivants :

PRODUITS	DESCRIPTION
Megger TTR 320	Mesure du rapport de transformation
Megger MTO210	Mesure de la résistance des enroulements
Megger MLR10	Mesure de l'inductance de fuite
Delta 3000	Mesure de la résistance d'isolement
	Mesure de capacitance et courant d'excitation du transformateur
FRAX	Analyse FRA du transformateur

Tableau 5.2 : Appareils utilisés pour les différents essais

1.4 Mesures

Dans cette partie, nous allons expliciter les résultats des essais réalisés sur le transformateur TP2 avec notre interprétation.

Partie V : Etude de cas

1.4.1 Mesure du rapport de transformation
> **Principe de mesure**

Il s'agit de mesurer le rapport des tensions du transformateur à vide pour les différentes prises du régleur et pour chaque phase, puis les comparer avec les valeurs de conception, dont le but est la détection des éventuelles problèmes concernant les enroulements, le couplage et le régleur.

> **Résultats des mesures et Comparaison avec les valeurs de références :**
> ❖ Valeurs de références :

Tap Pos	MEASURED RATIO			CAL'D RATIO	EXCITATION CURRENT			PHASE DEVIATION (MINUTES)		
	A PHASE	B PHASE	C PHASE		A PHASE	B PHASE	C PHASE	A PHASE	B PHASE	C PHASE
1	6,2	6,15	6,200	6,199	ND	ND	ND	ND	ND	ND
2	6,05	6	6	6,052	ND	ND	ND	ND	ND	ND
3	5,9	5,85	5,85	5,905	ND	ND	ND	ND	ND	ND
4	5,75	5,700	5,75	5,757	ND	ND	ND	ND	ND	ND
5	5,6	5,6	5,6	5,600	ND	ND	ND	ND	ND	ND

Tableau 5.3 : Valeurs de références du rapport de transformation

❖ Valeurs mesurées :

Tap Pos	MEASURED RATIO			CAL'D RATIO	EXCITATION CURRENT			PHASE DEVIATION (MINUTES)		
	A PHASE	B PHASE	C PHASE		A PHASE	B PHASE	C PHASE	A PHASE	B PHASE	C PHASE
1	6,221	6,213	6,194	6,199						
2	6,052	6,049	6,049	6,052						
3	5,907	5,905	5,905	5,905						
4	5,761	5,758	5,759	5,757						
5	5,617	5,615	5,614	5,609						

Tableau 5.4 : Valeurs mesurées du rapport de transformation

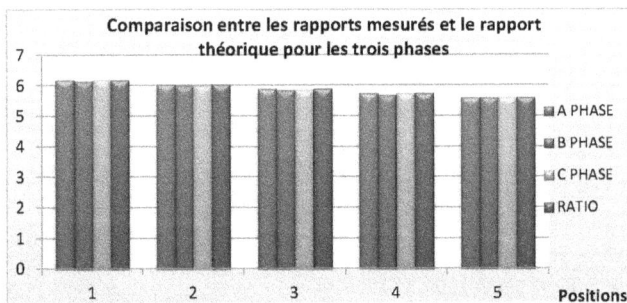

Figure 5.1: Graphe de comparaison entre les rapports mesurés et les rapports de conception

> ➢ **Conclusion :**

Les écarts des rapports de transformation du primaire avec le secondaire sont dans la fourchette d'acceptation (+/-0.5%). Les valeurs mesurées du rapport des transformation sont cohérentes et conformes selon les normes IEC60076-1(2000) clause 10.3 et la norme IEEE C57.12.90-1999 clause 7.

1.4.2 Mesure de la résistance des enroulements

> ➢ **Principe de mesure :**

Les résistances des enroulements peuvent être mesurées par l'une des méthodes suivantes, à savoir la méthode de courant/tension ou la méthode du pont. Dans ce cas nous avons utilisé la première méthode, le circuit de mesure est illustré ci-dessous :

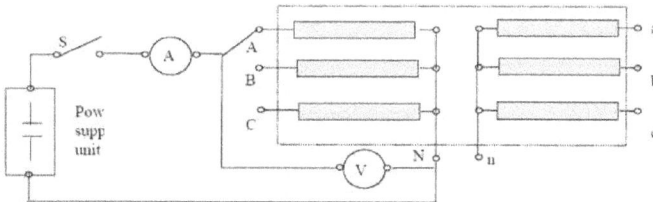

Figure 5.2 : Mesure de la résistance d'enroulement par la méthode Courant/Tension

La mesure de résistance montre si les soudures d'enroulement sont appropriées et les enroulements sont connectés correctement. Elle est également utile pour plusieurs fins :

✓ La continuité des enroulements ainsi que les courts-circuits éventuels (entre spires) des enroulements

✓ Une base pour le calcul indirect de l'échauffement des enroulements et l'augmentation de la température dans les enroulements.

Les résistances d'enroulement varient fortement avec la température. Des corrections de la température sont nécessaires afin de pouvoir comparer les valeurs obtenues avec les valeurs d'origines.

> ➢ **Résultats des mesures et comparaison avec les valeurs de références :**
> ❖ Valeurs de références :

HV RESISTANCES IN MILLIOHMS						
Tap Pos	A - N		B - N		C - N	
	@ 18 °c	@ 75 °c	@ 18 °c	@ 75 °c	@ 18 °c	@ 75 °c
1	103,9	127,3	103,8	127,7	104,5	128,6
2	101,4	124,3	101,3	124,7	102,1	126,2
3	98,97	121,3	98,93	121,7	99,79	123,2
4	96,46	118,2	96,43	118,6	97,42	120,3
5	94.06	115.2	94.02	115.7	95.11	117.5

Tableau 5.5 : Valeurs de références de la résistance des enroulements pour HV

Partie V : Etude de cas

(5) LV RESISTANCES IN MILLIOHMS

	a - b		b - c		c - a	
	@ 18 °c	@ 75 °c	@ 18 °c	@ 75 °c	@ 18 °c	@ 75
	2,152	2,658	2,152	2,658	2,156	2,66

Tableau 5.6 : Valeurs de références de la résistance des enroulements pour LV

❖ Valeurs mesurées :

Tap	A - N		B - N		C - N	
Pos	@ 26 °c	@ 75 °c	@ 26 °c	@ 75 °c	@ 26°c	@ 75 °c
1	104,6	124,23	104,5	124,11	104,9	124,59
2	102,1	121,26	101,9	121,03	102,4	121,62
3	99,81	118,54	99,41	118,07	99,92	118,67
4	97,89	116,26	96,76	114,92	97,5	115,8
5	94,78	112,57	94,6	112,36	94,99	112,82

Tableau 5.7 : Résultats de mesure de la résistance des enroulements pour HV

LV RESISTANCES IN MILLIOHMS						
Tap	a-b		b-c		c-a	
Pos	@ 22°c	@ 75 °c	@ 22°c	@ 75 °c	@ 22°c	@ 75 °c
3	2.158	2.603	2.139	2.580	2.153	2.597

Tableau 5.8 : Résultats de mesure de la résistance des enroulements pour LV

Les valeurs mesurées des résistances des enroulements seront comparées avec les valeurs de références, phase par phase pour toutes les positions du régleur.

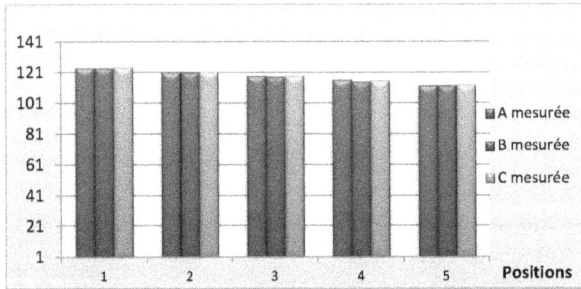

Figure 5.3: Comparaison entre les résistances mesurées

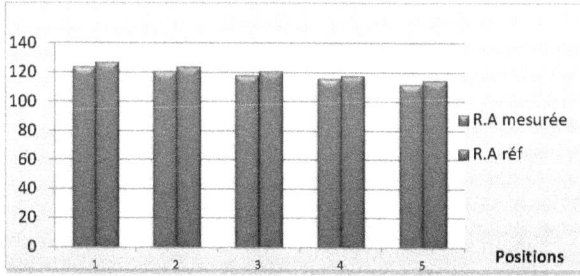

Figure 5.4 : Comparaison entre la résistance mesurée et référence (Phase A)

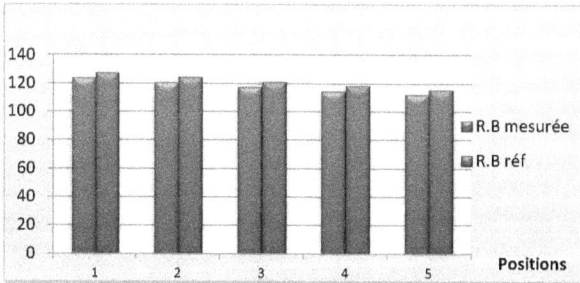

Figure 5.5 : Comparaison entre la résistance mesurée et référence (Phase B)

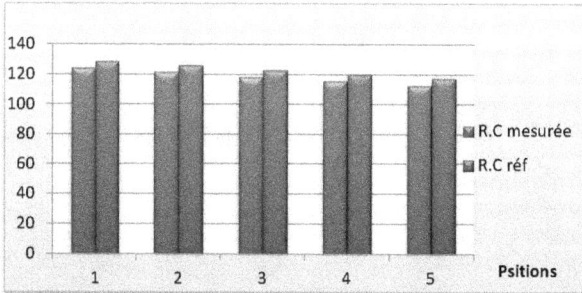

Figure 5.6: Comparaison entre la résistance mesurée et référence (Phase)

> **Conclusion :**

Les valeurs des résistances des enroulements sont conformes avec les valeurs d'origines suivant la norme IEC 60076-1 (2000) clause 10.2 et la norme IEEE C57.12.90-1999 clause 5, qui tolèrent un écart de 1%.

1.4.3 Mesure du courant d'excitation

> **Principe de mesure**

Le courant d'excitation du transformateur (aussi appelé courant de magnétisation).

Partie V : Etude de cas

La mesure de ce courant est importante pour les calculs des pertes à vide (garantie par le constructeur). Cette mesure peut aussi révéler des courts-circuits éventuels dans les enroulements (entre spires)

L'essai consiste à injecter une tension de l'ordre de 10 kV (l'appareil fait la correction à 10KV selon les standards) et mesurer le courant résultant à vide, et ceci pour les trois phases et pour toutes les positions du régleur en charge.

> ### Résultats des mesures :

Essais de courant d'excitation

CONNEXIONS		PHASE A : Enter connection					PHASE B : Enter connection					PHASE C : Enter connection					
		Tension kV	L(H)/ C (pF)	mA	abc123EQUIV. 10 kV		Tension kV	L(H)/ C (pF)	mA	abc123EQUIV. 10 kV		Tension kV	L(H)/ C (pF)	mA	abc123EQUIV. 10 kV		
DETC	LTC				mA	WATTS				mA	WATTS				mA	WATTS	R
47	1	10,04	H	66,2000	65,90		10,04	H	46,4000	46,20		10,06	H	67,3000	67,40		
48	2	10,10	H	71,7000	71,00		10,06	H	48,7000	48,40		10,03	H	70,9000	70,60		
49	3	10,02	H	75,0000	74,80		10,05	H	52,9000	52,50		10,06	H	75,4000	74,90		
50	4	10,06	H	79,2000	78,70		10,03	H	54,8000	54,60		10,04	H	79,6000	79,20		
51	5	10,06	H	83,1000	82,60		10,04	H	58,7000	58,40		10,07	H	84,3000	83,70		

Tableau 5.9 : Résultat de l'essai du courant d'excitation

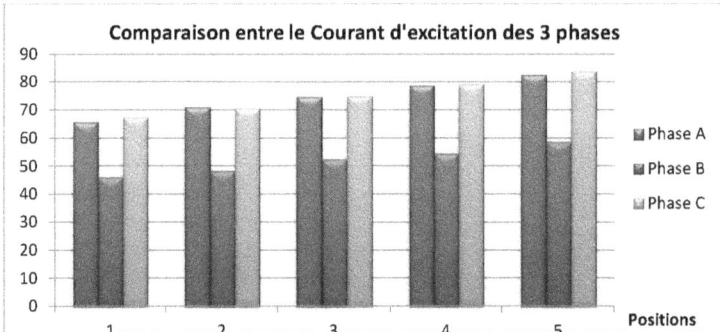

Figure 5.7 : Comparaison entre le Courant d'excitation des 3 phases

> ### Conclusion :

Les résultats des essais sont cohérents et satisfaisants selon la norme IEC 60076-1 (2000) clause 10.1 et la norme IEEE C57.12.90-1999 clause 8 qui régissent cet essai et qui tolèrent un écart de 5% dans le cas où les deux courants les plus élevés dépassent 50 mA. La grande différence entre le courant de la phase intérieure et les courants des autres phases n'est pas significatif de défaut, et c'est le chemin de retour du flux qui est à l'origine de cet effet.

Partie V : Etude de cas

1.4.4 Mesure du facteur de dissipation (tanδ)
➢ Principe de mesure

Tous les matériaux d'isolation utilisés dans la pratique ont des petites pertes diélectriques à la tension nominale et à la fréquence nominale. Ces pertes sont assez faibles pour les bons matériaux isolants. Cette perte varie proportionnellement au carré de la tension appliquée.

La figure ci-dessous montre le modèle de base de l'isolation.

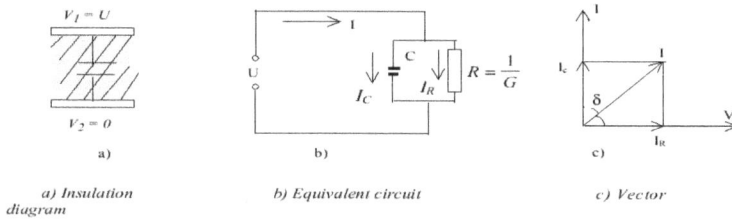

a) Insulation diagram

b) Equivalent circuit

c) Vector

Figure 5.8 : Modèle de base de l'isolation

> ➤ **Résultats des mesures :**

> ❖ Essai du transformateur :

Tableau 5.10 : Essais Tanδ pour le transformateur

❖ Essai les traversées 225 KV :

Test No.		Bushing Nameplate				Mode D'Essai	Test kV	Capacitance C (pF)	% FACTEUR PUISSANCE			DIRECT		IR
	Osg	# SERIE	CAT #	pF	Cap. (pF)				MesurE	@ 20°C	Corr Factor	mA	WATTS	
11	H1	9304062		281.00		UST-R	10.05	283.18	0.34			0.9980	0.0902	
12	h2	9303705		292.00		UST-R	10.06	294.06	0.40			0.9920	0.0371	
13	h3	9303701		295.00		UST-R	10.16	297.22	0.38			0.9010	0.0344	
14	h0	23402906				UST-R	10.15	287.28	6.19			0.9960	0.0157	
15	X1	23402905				UST-R								
16	X2	23402906				UST-R								
17	X3	23402904				UST-R								
18	X0					UST-R								
19		ESSAI D'HUILE				UST-R								

Tableau 5.11 : Essais Tanδ des traversées 225 KV

> ➤ **Conclusion :**

Les valeurs de facteur de puissance du transformateur sont dans la fourchette d'acceptation. Pour la capacité C1 des traversées 225 KV doivent être comparées avec le rapport de test usine.

Partie V : Etude de cas

1.4.5 Mesure de la résistance d'isolement et de l'indice de polarisation

> **Principe de mesure :**

La résistance d'isolation se mesure à l'aide d'un dispositif de mesure de la résistance d'isolation qui applique une tension de 1000 Vcc ou 5000 Vcc. Chaque enroulement est mesuré séparément en appliquant la tension entre l'enroulement à tester et la terre, alors que les autres enroulements sont connectés au circuit de garde de l'instrument d'essai.

La température et l'humidité sont mesurées pendant l'essai. Les valeurs de résistance R15, R30, R45 et R60 sont relevées à 15s, 30s, 45s, 60s après l'application de la tension. Par ailleurs, le rapport entre la résistance d'isolation R60 et la résistance d'isolation R15 est indiquée comme rapport d'absorption dans le rapport d'essai, le rapport R600 /R60 est l'indice de polarisation

> **Résultats de mesure :**

MINUTES	Haute basse (basse m.à.l.t.)		Basse-haute (haute m.à.l.t.)		Haute-basse m.à.l.t.	
	LECTURE (MOhms)	VALEUR CORRI. (Mohms)	LECTURE (MOhms)	VALEUR CORRI. (Mohms)	LECTURE (MOhms)	VALEUR CORRI. (Mohms)
0.25	65 500,00	65 500,00	3 480,00	3 480,00	770,00	770,00
0.50	68 600,00	68 600,00	4 400,00	4 400,00	997,00	997,00
0.75	70 900,00	70 900,00	5 050,00	5 050,00	1 230,00	1 230,00
1,00	73 200,00	73 200,00	5 760,00	5 760,00	1 460,00	1 460,00
1.25	74 700,00	74 700,00	6 400,00	6 400,00	1 680,00	1 680,00
1.50	77 700,00	77 700,00	7 030,00	7 030,00	1 880,00	1 880,00
1.75	79 900,00	79 900,00	7 600,00	7 600,00	2 060,00	2 060,00
2,00	82 000,00	82 000,00	8 130,00	8 130,00	2 220,00	2 220,00
3,00	90 100,00	90 100,00	9 990,00	9 990,00	2 730,00	2 730,00
4,00	97 700,00	97 700,00	11 300,00	11 300,00	3 110,00	3 110,00
5,00	105 000,00	105 000,00	12 400,00	12 400,00	3 410,00	3 410,00
6,00	112 000,0	112 000,0	13 100,00	13 100,00	3 660,00	3 660,00
7,00	118 000,0	118 000,0	13 900,00	13 900,00	3 890,00	3 890,00
8,00	124 000,0	124 000,0	14 300,00	14 300,00	4 090,00	4 090,00
9,00	130 000,0	130 000,0	14 700,00	14 700,00	4 270,00	4 270,00
10,00	135 000,0	135 000,0	15 100,00	15 100,00	4 440,00	4 440,00
I.P.		1,94		2,63		3,04
D.A.R.		1,07		1,31		1,46

Tableau 5.12 : Essais de la résistance d'isolement

➢ Conclusion :

Les résultats de mesure sont cohérents et satisfaisants.

ETAT ISOLANT	DAR 60/30 S	INDICE DE POLARIS. (IP)
MAUVEE	< 1	< 1
DOUTEUX	1.0 - 1.25	1.0 - 2
BON	1.4 - 1.6	2 - 4
EXCELLENT	> 1.6	> 4

Tableau 5.13: les seuils de l'indice de polarisation selon l'état de l'isolation

1.4.6 Mesure de l'impédance de court-circuit & de la réactance de fuite

➢ Principe de mesure :

L'impédance de court-circuit et la réactance de fuite des transformateurs de puissances peuvent être mesurées en injectant une tension sinusoïdale de fréquence 50Hz. Et puis on mesure la tension, le courant ainsi que le déphasage à fin de calculer :

L'impédance de court-circuit, la résistance et l'inductance. Le transformateur possède une impédance de court-circuit de référence de 11,72% sur la position 3 du régleur en charge pour une puissance de 400MVA.

➢ Résultats des mesures :

❖ Réactance de fuite Phase A-N 15 A

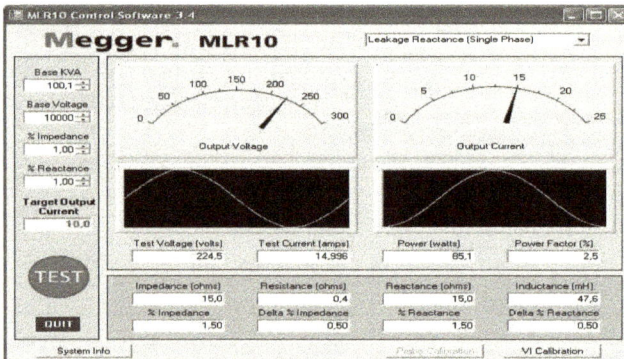

Figure 5.9 : Essais de la réactance de fuite pour la phase A

Partie V : Etude de cas

❖ Réactance de fuite Phase B-N 15 A

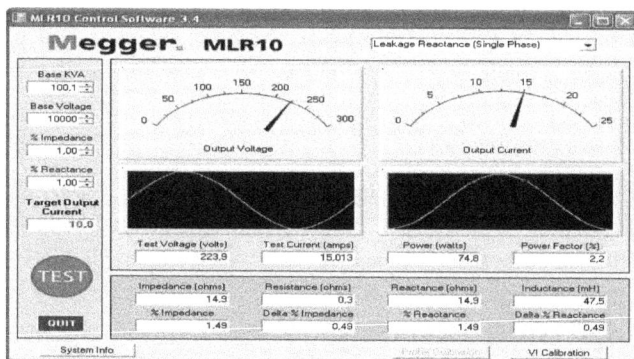

Figure 5.10 : Essais de la réactance de fuite pour la phase B

❖ Réactance de fuite Phase C-N 15 A

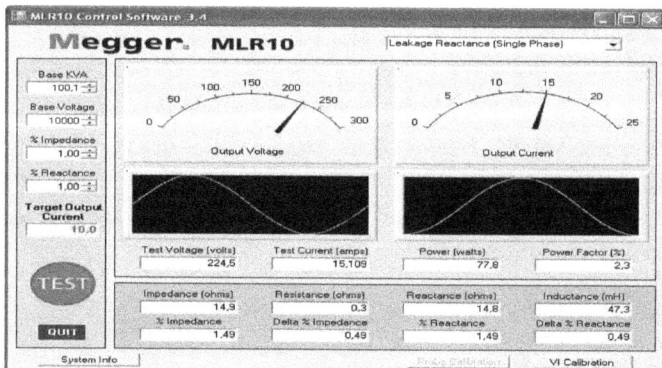

Figure 5.11 : Essais de la réactance de fuite pour la phase C

➤ **Conclusion** :

Phase	Impédance	Impédance de cc % mesurée	Impédance de cc % (Réf)	Erreur %	Résistance	inductance
A	15 Ω	11.9 %	11.72 %	1.5 %	0.4 Ω	47.6 mH
B	14.9 Ω	11.88 %	11.72 %	1.36 %	0.3 Ω	47.5 mH
C	14.9 Ω	11.82 %	11.72 %	0.89 %	0.3 Ω	47.3 mH

Tableau 5.14: Résultat de l'essai de l'impédance de cc et la réactance de fuite pour les trois phases

Les valeurs des impédances de court-circuit sont cohérentes et conforme à la norme CEI 60076-1 (qui tolère dans le cas de ce transformateur une erreur de +- 7.5 %)

1.4.7 Analyse de la réponse en fréquence (SFRA)

Pour cet essai, l'analyse de la réponse fréquentielle a été réalisée sur le transformateur avant et après son décuvage. Nous avons aussi réalisé tous les types de mesure afin d'avoir une image claire sur l'état du bobinage et de circuit magnétique.

➤ **Principe de mesure :**

Le FRAX 101 effectue un balayage en fréquence (20Hz à 2MHz) sous une tension réglé à 10V. Le logiciel affiche le gain, la phase, l'impédance et l'inductance de chaque circuit. Sur la base de ces mesures, nous comparons la structure de chaque bobinage.

Le logiciel se dispose d'un mode analyse conforme aux exigences de la norme DLT911. Celui-ci calcule les paramètres suivants :

✓ Variances,

✓ Covariances,

✓ Facteurs de variances,

✓ Facteurs relatif en X, Y.

1.4.7.1 Mesures A-N, B-N et C-N, secondaire ouvert :

- **But** : vérification de l'état du circuit magnétique et des enroulements primaires du transformateur. Recherche des défauts entre 2 enroulements primaires. Pour les basses fréquences, le courant de magnétisation caractérise la valeur efficace de la tension mesurée

- **Résultat de la mesure**

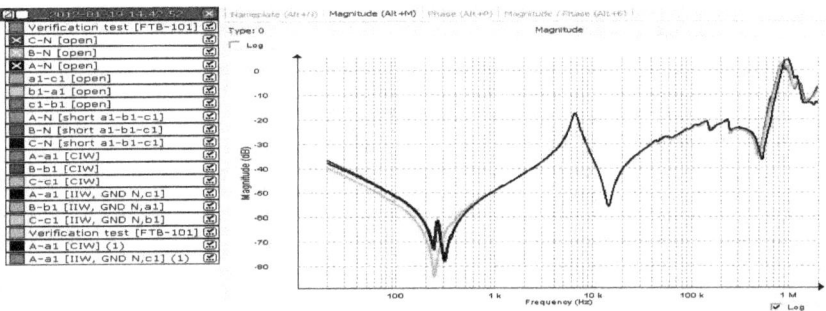

Figure5.12 : Comparaison des trois phases pour l'essai entre extrémité (secondaire ouvert)

- **Conclusion** :

Nous constatons une légère distorsion pour la phase A pour les hautes fréquences, la différence entre la phase B et les autres phases dans les basses fréquences n'est pas significatif de défaut.

Partie V : Etude de cas

1.4.7.2   Mesures A-N, B-N et C-N, secondaire court-circuité.

- **But** : vérification de l'état du circuit magnétique et des enroulements primaires du transformateur en supprimant l'influence du courant de magnétisation. Recherche des défauts entre 2 enroulements primaires.

- **Résultats de la mesure** :

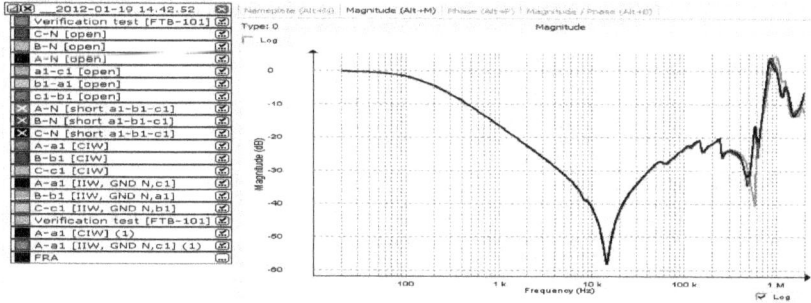

Figure 5.13: Comparaison des trois phases pour l'essai entre extrémité (en court-circuit)

➢ Comparaison entre phases A et B:

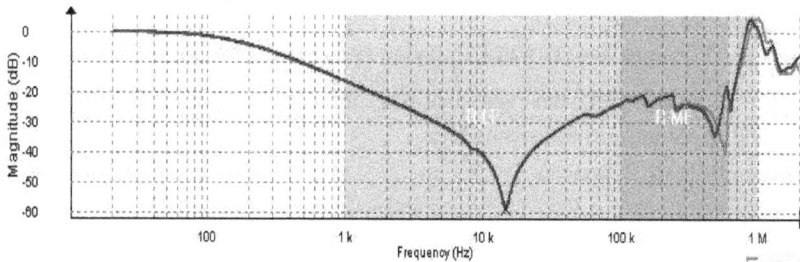

Figure 5.14 : Comparaison entre phases pour l'essai entre extrémité (en court-circuit)

➢ Comparaison entre phases A et C

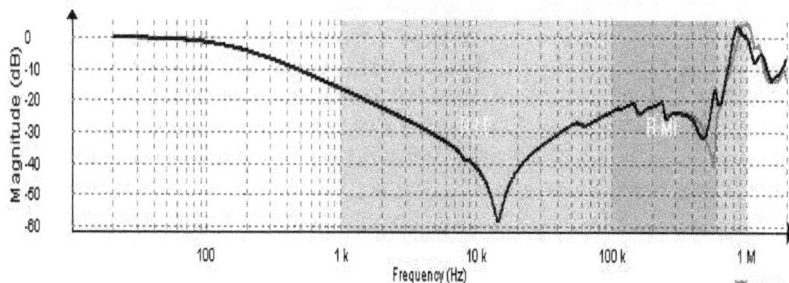

Figure 5.15 : Comparaison entre phases pour l'essai entre extrémité (en court-circuit)

➢ Comparaison entre phases B et C

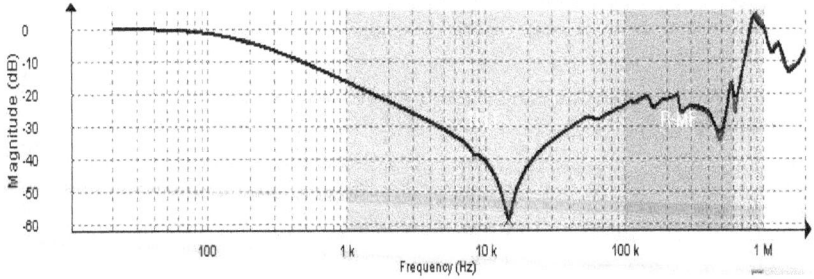

Figure 5.16 : Comparaison entre phases pour l'essai entre extrémité (en court-circuit)

- **Conclusion :**

Nous constatons une distorsion évidente pour la phase A pour les moyennes et hautes fréquences due aux conditions de l'essai et non significative de défauts pour deux raisons :

➢ Les courbes sont très homogènes entre les phases sur le reste de la gamme de fréquences.

➢ Les autres types d'essais ne montrent pas de distorsion pareille dans cette gamme de fréquence.

1.4.7.3   Mesures A-a, B-b et C-c (inter capacités HT/BT).

- ***But :*** visualisation des déformations radiales des enroulements HT/BT de chaque colonne du transformateur.

- **Résultats de la mesure :**

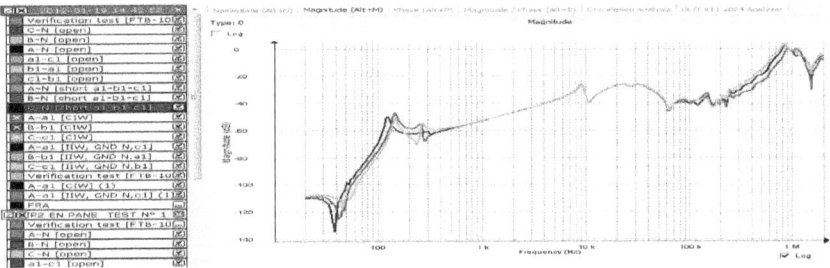

Figure5.17 : Comparaison des trois phases pour l'essai entre

Partie V : Etude de cas

❖ **Comparaisons des courbes (phase par phase) avant et après l'intervention**

➢ Phase A :

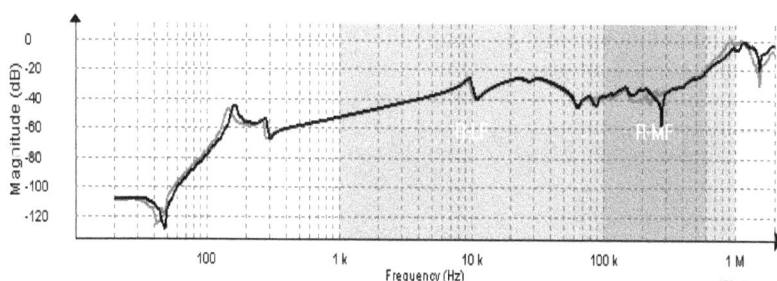

Figure5.18 : Comparaison par phase pour l'essai capacitif entre enroulements

➢ Phase B

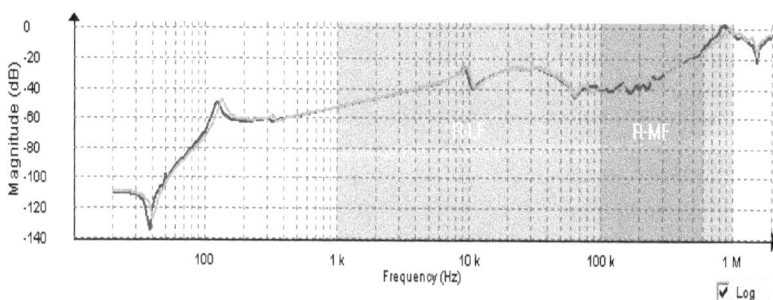

Figure5.19 : Comparaison par phase pour l'essai capacitif entre enroulements

➢ Phase C :

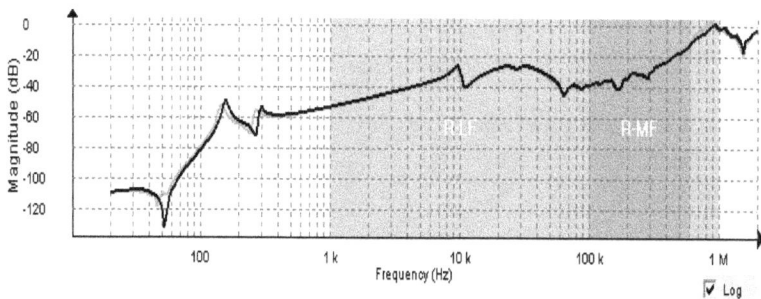

Figure5.20 : Comparaison par phase pour l'essai capacitif entre enroulements

▪ **Conclusion :**

Les courbes des phases B et C ont la même allure, la courbe de la phase A est nettement améliorée par rapport à la courbe avant la réparation et l'intervention.

1.4.7.4 A-a, (N et b à la terre) B-b (N et c à la terre) et C-c (N et a à la terre)

- *But :* visualisation des déformations axiales des enroulements HT/BT de chaque colonne du transformateur. Visualisation et détermination du rapport de transformation
- **Résultats de la mesure :**

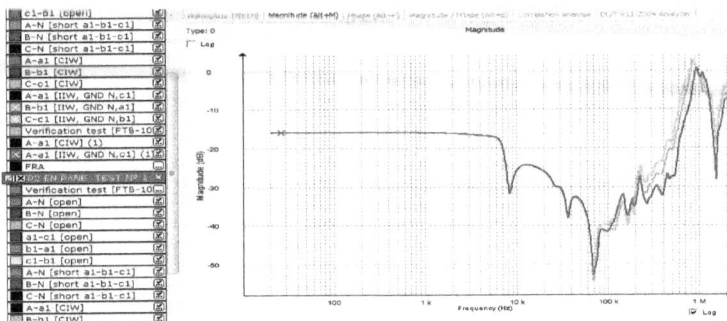

Figure5.21: Comparaison des trois phases pour l'essai inductif entre enroulements

- **Conclusion :**

Les résultats de la mesure sont cohérents et ne montrent aucune distorsion, ceci dit qu'il n'y a pas de déformations axiales et les enroulements sont en état sein.

L'ensemble des essais FRA qui ont été fait sur le transformateur montrent que les enroulements ainsi que le circuit magnétique sont en bon état. Pour les distorsions constatés dans la phase A avant l'intervention c'était à cause de la mise à la terre. Après la réparation et l'intervention les courbes sont nettement améliorées, et ce sont jugés bons pour construire une base de référence pour ce transformateur.

D'autre part les légères distorsions constatés dans la phase A après la réparation ne présentent aucune signification de défaut, du fait que les conditions de l'essai qui étaient à leur origine.

1.4.8 Analyse du papier isolant du transformateur

Un échantillon de 10 g de papier de la partie la plus significatif du transformateur a été prélevé de la connexion de la phase A pour l'analyse de degré de polymérisation visco-symétrique.

Partie V : Etude de cas

Interprétatation des analyses des dérivés furaniques
Vieillissement des isolants cellulosiques
Calcul de la durée de vie résiduelle des isolants cellulosiques

	données à saisir

Mesure →	[furfuraldéhyde]	**4,2**	ppm	(Si > 0,51 et < 10 ppm)
	DPv moyen calculé des IC	253	/	
	Consommation de vie des IC	67%		
Donnée →	Age actuel des IC	**17**	ans	
	Age de fin de vie des IC	26 ans		
	Durée de vie résiduelle des IC	9 ans	(Estimation)	

Interprétatation des analyses des dérivés furaniques
Vieillissement des isolants cellulosiques
Calcul de la durée de vie résiduelle des isolants cellulosiques

	données à saisir

Mesure →	[furfuraldéhyde]	**2,5**	ppm	(Si > 0,51 et < 10 ppm)
	DPv moyen calculé des IC	318	/	
	Consommation de vie des IC	52%		
Donnée →	Age actuel des IC	**18**	ans	
	Age de fin de vie des IC	35 ans		
	Durée de vie résiduelle des IC	17 ans	(Estimation)	

Le papier est le composant limitant la durée de vie du transformateur. Les teneurs en dérivés furaniques ont baissé après le changement de fluide. Il n'en demeure que la dégradation n'a pas été corrigée. Il faut avoir les historiques pour mener un diagnostic fiable.

Si l'on prend la dernière teneur mesurée avant changement, on estime la durée de vie résiduelle à 9 ans. Si l'on prend le DPV mesuré, on obtient 16 ans de durée de vie résiduelle.

Seule la double information des teneurs en dérivés furaniques et du degré de polymérisation (représentativité d'un petit échantillon de papier sur la masse), permet de valider d'une part que les papiers sont bien dégradés (DPV confirme la tendance des DF) et que leur durée de vie résiduelle était de 9 ans (en 2011). En 2012, la durée de vie estimée du papier est.de 8 ans.

Il faut également intégrer le fait que le changement du fluide va réduire la cinétique de dégradation.
Seul le suivi au court du temps affinera l'estimation de cette durée de vie. Les 8 ans sont donc sévères et sécurisés et il convient de bien contrôler les hypothèses d'extension en suivi annuel des dérivés furaniques.

Conclusion

Les valeurs du rapport de transformation mesurées, de la résistance des enroulements sont cohérentes et satisfaisantes. Les mesures de capacitance des enroulements du transformateur sont dans les normes. La mesure de la tension de court-circuit sur la position 3 est en cohérence avec la tension de cc de référence.

Les résultats de l'analyse fréquentielle montre une nette amélioration par rapport aux signaux initiaux mesurés avant notre intervention. Selon les tests mentionnés dans les rapports antécédents, réalisées après inspection et essais sur site du transformateur TP2 les valeurs constatées ci-dessus sont satisfaisantes.

2 Projet ocp khouribga

2.1 Description du projet

Il s'agit d'un projet de construction d'un pipeline Khouribga-Jorf Lasfar de l'OCP. Le pipeline principal et ses affluents secondaires totaliseront une longueur de 235 kilomètres.

2.2 Objectif

Transporter par voie humide la totalité du phosphate extrait des mines de Khouribga vers les unités chimiques de Jorf Lasfar pour être transformé en acide phosphorique, ou vers le port de Jorf Lasfar pour être exporté.

Le transport du phosphate issu des laveries par la voie humide, et non plus par trains, permettra des économies en eau (élimination du séchage requis pour le transport par train) et en énergie (la progression de la pulpe est favorisée par la gravité naturelle) qui mettront la tonne de phosphate rendue à Jorf Lasfar à moins de 1 dollar au lieu des 8 dollars actuels. La laverie, désormais intégrée à la mine, enrichit le minerai en même temps qu'elle le prépare au transport.

Figure 5.21: Pipeline Khouribga - Jorf Lasfar

Partie V : Etude de cas

La pulpe de phosphate préparée sera stockée dans des réservoirs à la sortie des laveries, puis pompée via des pipelines secondaires jusqu'à une station de collecte située à proximité de la laverie Merah, appelée station de tête. A partir de là, la pulpe alimentera le pipeline principal qui assurera le transport hydraulique de Khouribga jusqu'à Jorf Lasfar. Au niveau de ce site, une station terminale constituée de réservoirs de stockage est mise en œuvre pour la réception et la distribution de la pulpe de phosphate.

Afin d'assurer l'alimentation en électricité du projet de pipeline, l'OCP a décidé de construire deux nouveaux postes THT/HT à Khouribga et à Jorf Lasfar.
Pour ce projet, ALSTOM Grid Maroc s'occupera du transport, montage, assistance à la mise en service et puis essais de trois transformateurs de puissance (225/63/11kV 100MVA) au poste Brouje, Khouribga.
Le projet inclut les installations, ouvrages, et équipements principaux ci-après :

> ➢ Fabrication et livraison des transformateurs sur site
> ➢ Fabrication et livraison des pièces de rechange
> ➢ Montage des transformateurs dans le poste
> ➢ Assistance au raccordement et à la mise sous tension
> ➢ Formation du personnel du client

2.3 Etude technique du projet

2.3.1 Réalisation du plan d'implantation

Afin d'éviter tout problème lors du déchargement des transformateurs et leurs accessoires, nous avons défini sur le plan de site l'emplacement de tous le matériel qui sera utilisé dans ce projet ainsi que l'emplacement du bureau et des sanitaires, nous avons aussi prévu des emplacements pour le stockage d'huile et des déchets.

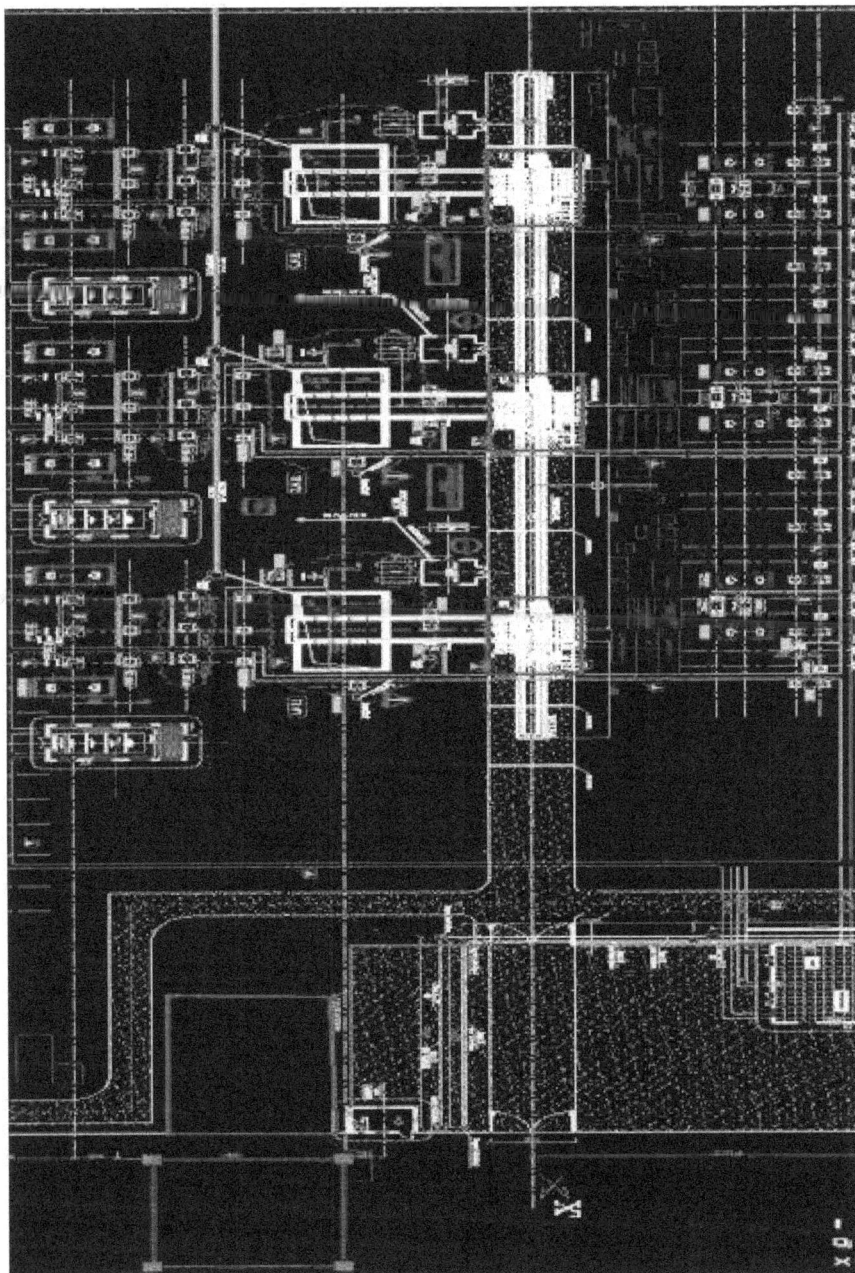

Figure 5.22: plan d'implantation du site

2.3.2 Développement de la procédure de transport des transformateurs

Pour ce projet, le transport et le déchargement des trois transformateurs et leurs accessoires se feront par le sous-traitant MEDIACO. Notre mission était de répondre aux exigences du cahier de charge de l'OCP à savoir :

➤ Le dossier sous-traitant.
➤ L'instruction de transport et de pose des transformateurs sur les rails.

Nous devons aussi assurer l'application de toutes les instructions d'Alstom Grid en termes de sécurité pour l'opération de manutention, transport, et aussi la pose des trois transformateurs. Pour cela nous allons vérifier tous les papiers des engins qui seront utilisés lors de ces opérations tels que :

- Rapports de contrôle réglementaire
- Assurances
- Habilitation des conducteurs

Le chargement des trois transformateurs se fera en directe des navires dans des remorques hydrauliques (9 lignes– de capacité nominal 227 tonnes).

Figure 23: Levage du transformateur à partir du bateau et posage sur le port char

Partie V : Etude de cas

La présence de l'ONEE lors de cette opération est obligatoire afin de bien positionner le transformateur.

Sur chaque remorque nous mettrons deux traverses avec 4m de longueur chacune et 20cm de dépassement sur lesquelles les transformateurs vont être posés.

Figure 24 : Transport du transformateur par un port char

Le déchargement des transformateurs se fera par une centrale à vérin équipée de 4 vérins d'une capacité de 100 tonnes chacun.

Figure 25 : la pose du transformateur à l'aide des vérins

Partie V : Etude de cas

La remorque hydraulique soulèvera à 1.20m, après nous allons positionner les 4 vérins aux extrémités puis nous allons caler en bas par des cales calibrés.

Figure 26 : le calage du transformateur à l'aide de cales calibrées

Nous allons descendre le transformateur petit à petit sur les rails puis nous allons enlever les vérins.

Après nous allons tirer le transformateur par le tir fort jusqu'à l'emplacement prévu.

Le travail sera réalisé par une équipe de 5 personnes.

Figure 27 : Pose du transformateur sur les rails pour tirage vers son emplacement

2.3.3 Montage des transformateurs et traitement d'huile diélectrique :

Le montage des trois transformateurs est assuré par le sous-traitant RIHABELEC sous la supervision d'ALSTOM Grid.

➢ Instruction du montage
- Montage des collecteurs
- Montage des radiateurs
- Montage de la tuyauterie (radiateur)
- Montage du conservateur
- Montage des TURRET
- Montage des traversées (225kV, 60kV, 11kV)
- Montage des accessoires
- Serrage de l'assemblage
- Traction du transformateur vers l'emplacement réservé
- Remplissage d'huile et traitement

➢ Instruction de traitement d'huile
- L'huile est aspiré et pré-filtré à l'entrée de l'appareil, puis passe dans un réchauffeur thermoplongeur, une seconde filtration très fine est effectué avant le passage de l'huile de transformateur dans la cloche à vide, ensuite aspiré par la pompe d'extraction l'huile et renvoyé dans le transformateur ce ci pendant plusieurs cycles successifs.
- Pendant le traitement, des échantillons sont prélevés pour contrôle et analyse, le traitement n'est terminé que lorsque nous obtenons de bonnes valeurs selon les normes.

➢ Instruction de traitement des fuites d'huile
- Toute fuite d'huile requiert une intervention rapide et efficace
- Prévision d'une bâche afin d'éviter la pénétration des liquides
- Prévision des bacs à sable pour contrôler la propagation des liquides
- Récupération totale des huiles déversées par l'intermédiaire d'une pompe
- Fermeture des vannes d'huile entre le transformateur et le conservateur
- Décapage de la peinture sur la partie à reprendre sur soudure
- Dégraissage et nettoyage
- Reprise de la soudure

- Remplissage de la fiche de relevé
- Mise sous vide du transformateur
- Remplissage de la fiche de relevé
- Décapage de la peinture sur la partie à reprendre sur soudure
- Dégraissage et nettoyage
- Reprise de la soudure
- Mise sous pression par l'arrêt de processus de mise sous vide
- Contrôle d'étanchéité
- Maintenir le transformateur 24h sous pression et revérifier la soudure
- Peinture de la soudure conformément à la peinture du transformateur

Figure 28 : Préparation d'un moyen de délimitation d'une fuite d'huile

2.3.4 Sécurité

Pour cette partie, nous avons assisté à la préparation du plan environnemental, hygiène et sécuritaire EHS du projet (Plan EHS). Il s'agit d'un document technique qui présente les bonnes pratiques qui doivent être appliquées conformément aux politiques et normes internationaux.

Conclusion :

Dans cette partie nous avons traité un cas réel, à travers l'intervention de maintenance de JLEC, ce qui nous a permet de mettre en œuvre le savoir requis durant ce stage. Par ailleurs, le projet d'OCP KHOURIBGA était une occasion très intéressante pour assister et participer à l'ensemble des étapes de déroulement d'un projet technique de grande dimension.

CONCLUSION GENERALE

CONCLUSION GENERALE

Pendant ce projet de stage fin d'études j'ai effectué une étude sur les différents méthodes conventionnelles de diagnostic pour les transformateurs de puissance, j'ai aussi établit des outils pour l'interprétation des méthodes FRA et TANδ qui sont encore au stade de la recherche.

Au terme de ce stage, je tiens à souligner les acquis pratiques que j'ai pu tirer de ce travail. En effet le sujet de mon projet est dans un domaine très innovant et actuel ce qui m'a assuré l'application de nos connaissances théoriques ainsi que la découverte de nouvelles notions.

Pour l'essai du Tan Delta, c'est un test de diagnostic pour évaluer l'isolation des enroulements et des traversées. Il donne une idée sur le processus de vieillissement dans le transformateur et permet à l'aide d'autres tests de prédire la durée de vie restante. Il est également connu sous le test de l'angle de perte ou test de facteur de dissipation. Jusqu'à maintenant Il n'y a pas de formules standard ou points de repère pour déterminer la réussite d'un test de tangent delta. Dans ce sens, j'ai essayé à travers ce projet de fin d'étude, de donner des directives et des indications pour l'interprétation des résultats de cet essai.

Quant à la SFRA « Sweep frequency response analysis » ou l'analyse de la réponse en fréquence, c'est une méthode puissante et sensible pour la détection et le diagnostic des défauts dans la partie active des transformateurs de puissance. Elle permet de fournir des informations sur les conditions mécaniques et électriques du noyau, des enroulements, des connexions internes et des contacts. Aucune autre méthode d'essai pour l'évaluation de l'état du transformateur de puissance ne peut offrir une telle diversité d'informations. Par conséquent, la SFRA est un test de plus en plus populaire. La reproductibilité est la clé pour une application réussie de la SFRA, c'est pourquoi une précision élevée est indispensable lors de l'établissement des connexions.

L'efficacité de la méthode et la fiabilité d'application ont été confirmées par de nombreux travaux et recherches effectués par des comités internationaux à l'instar de Cigré et IEEE.

Ma perspective dans le travail, s'est basée sur des études de cas réels pour pouvoir en tirer des conclusions pratiques, ainsi que l'évaluation de la méthode par simulation d'un modèle physique réduit du transformateur à l'aide du logiciel Psim.

Le personnel d'ALSTOM Grid Maroc a été continuellement à mon écoute. Il a également répondu à plusieurs de mes interrogations. Leur agréable proximité m'a permis de me sentir plus sereine face à notre projet.

A la fin de ce projet nous pouvons confirmer que les deux méthodes de diagnostic FRA et Tanδ sont incontournables afin d'évaluer l'intégrité mécanique et géométrique de base, des enroulements et du circuit magnétique ainsi que leurs isolations internes

CONCLUSION GENERALE

Enfin, Ce livre présente une étude théorique approfondie et un manuel d'utilisation pour les deux méthodes de diagnostic FRA et Tanδ, ainsi qu'une référence pratique à travers plusieurs études de cas afin de pouvoir en tirer des directives et conclusions pour l'interprétation des résultats de ces méthodes.

BIBLIOGRAPHIE

[1]: A. DIERKS « MECHANICAL-CONDITION ASSESSMENT OF TRANSFORMER WINDINGS USING FREQUENCY RESPONSE ANALYSIS (FRA): Working Group A2.26». CIGRE-2008

[2]: A. KRAETGE M. KRÜGER J.L. VELÁSQUEZ OMICRON Electronics GmbH (Austria) « Aspects of the practical application of sweep frequency response analysis (SFRA) on power transformers » Cigré 2009 6th Southern Africa Regional Conference.

[3]: Asif Islam, Golam Kafi Mustafa, Md. Mamun Biswas, Shahidul Islam Khan   « Implementation of Covariance Factor Calculation Technique to Interpret Sweep Frequency Response Analysis (SFRA) Curve of Power Transformer »

[4] : Thomas Renaudin « Analyse de la réponse en fréquence appliquée à l'évaluation des transformateurs de puissance Bases et principes d'interprétation »

[6] : Thomas Renaudin « Analyse de la réponse en fréquence appliquée à l'évaluation des transformateurs de puissance Les facteurs affectant la répétabilité des mesures »

[7] : Thomas Renaudin « Analyse de la réponse en fréquence appliquée à l'évaluation des transformateurs de puissance Mise en place et mode opératoire de mesures FRA »

[8] : Thomas Renaudin « Analyse de la réponse en fréquence appliquée à l'évaluation des transformateurs de puissance Etude de cas »

[9] : Charles Sweetser Technical Service Manager Omicron « Power Transformer Diagnostics: Novel Techniques and their Application »

[10]: « FRAX User's Manual Version 2.3 » Megger AB 2009

[11]: Mats Karlstrom, Peter Werelius, Pax Diagnostics « Measurement Considerations using SFRA for Condition Assessment of Power Transformers»

[12]: BALIKESİR ELEKTROMEKANİK SANAYİ TESİSLERİ A.Ş. «Transformer Test»

[13]: Aradhana Ray Omicron India «Detection of Winding Faults in Power Transformers

By SFRA»

[14]: «Frequency Response Analysis (FRA) Diagnostic Method» IEEE/PES Transformers Committee Spring 2009 Meeting, Miami, FL

[15]: Charles Sweetser, Dr. Tony McGrail, «Sweep Frequency Response Analysis Transformer Applications» A Technical Paper from Doble Engineering.

[16]: MENGGAUNG WANG «Winding Movement Condition Monitoring of Power Transformers in Service». Thesis at the University of British Columbia

[17]: "ABB_Testing of Power Transformers, Routine tests & Special tests"

[18]: "Alstom Transformers Hand Book"

[19]: J.Pelite, E.Olias, A.Barrado "Modeling The Transformer Frequency Response To Develop Advanced Maintenance Techniques".

[20]: Asif Islam, Aminul Hoque «Detection of Mechanical Deformation in Old Aged Power Transformer Using Cross Correlation Co-Efficient Analysis Method » Bangladesh University of Engineering & Technology, Dhaka, Bangladesh

[21]: Sandeep Kumar, Mukesh Kumar and Sushil Chauhan "DIAGNOSIS OF POWER TRANSFORMER THROUGH SWEEP FREQUENCY RESPONSE ANALYSIS AND COMPARISON METHODS" XXXII NATIONAL SYSTEMS CONFERENCE, NSC 2008, December 17-19, 2008

[22]: Jong Wook Kim, Byungkoo Park, Seung Cheol Jeong, Sang Woo Kim, "Fault Diagnosis of a Power Transformer Using an Improved Frequency-Response Analysis"IEEE Transactions on Power Delivery, VOL. 20, NO. 1, January 2005, 169-178

[23]: Jorge Pleite, Carlos Gonzalez, Juan Vazquez, Antonio Lázaro "Power Transformer Core Fault Diagnosis Using Frequency Response Analysis".IEEE MELECON 2006, May 16-19, Benalmádena (Málaga), Spain.

[24]: Dick, E. P. and Erven, C. C, "Transformer Diagnostic Testing by Frequency Response Analysis," IEEE/PAS-97, No. 6, pp.2144-2153, 1978.

[25]: M. Wang and A. J. Vandermaar "Review of condition assessment of power transformers in service", IEEE Electrical Insulation Magazine, vol. 18, no. 6, pp. 12-25, Nov/ Dec 2002.

[26]: Kelly, J.J. "Transformer fault diagnosis by dissolved gas analysis. IEEE Trans. Ind. Appl. 16(6), 777-782 (1980).